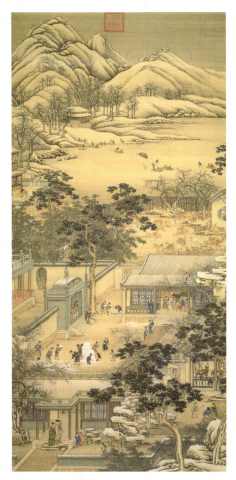

图1.5 界画(清) 佚名

图1.8 女子肖像 达·芬奇[意]

图1.11 人体素描 米开朗基罗[意]

图1.15 帕格尼尼肖像 安格尔[法]

图1.27 女史箴图（局部）（东晋） 顾恺之

图1.28 八十七神仙卷（局部）（唐） 吴道子

图1.29 维摩演教图（北宋） 李公麟

图1.30 女人体写生 徐悲鸿

图2.1 物象形态训练 徐俊

图2.2 人体表现 埃贡·席勒[奥地利]

图2.5 设计草图 达·芬奇[意]

图2.6 氏族战争岩画(新石器时代)

图2.7　人物舞蹈纹盆（新石器时代马家窑文化）

图2.9　天王送子图（唐）　吴道子

图3.5　妇人肖像　安格尔[法]

图3.7　泉　安格尔[法]

图3.8　大宫女　安格尔[法]

图3.53　最后的晚餐　达·芬奇[意]

图4.12 画轮廓

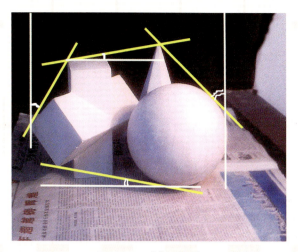

图4.14 判断角度

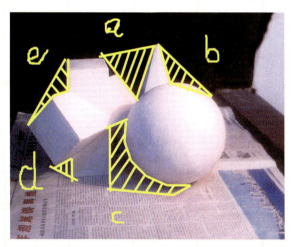

图4.16 准确地表现物体的形态及其比例、空间位置关系

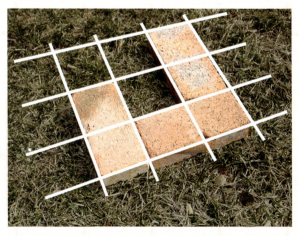

图4.23 砖的厚度与宽度比约为1∶2

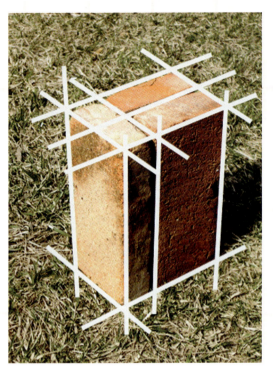

图4.24 砖的大面长宽比2∶1

图4.31(a) 螺旋砖柱(炭笔) 张军

图4.52 与谁同坐轩

图4.55 山东淄博 四世宫保牌坊

21世纪全国高职高专建筑设计专业技能型规划教材

建筑素描表现与创意

主　编　于修国
副主编　邹玉兰　张　军
参　编　曹子昂　李　欣　李海岩
主　审　冯　晋　许鹏程

北京大学出版社
PEKING UNIVERSITY PRESS

内 容 简 介

本书是按教育部高职高专示范院校建设要求编写的，结合了建筑装饰、环境艺术、艺术设计等专业特点，提出了全新的设计基础教育理念，系统地介绍了素描与设计素描的基础知识、观察方法、表现技法、专业素描表现、创新思维方法等知识。

本书采用全新的体例编写，附有大量的表现实例和图例分解说明，便于初学者掌握；另外增加了知识链接、特别提示等内容，拓展读者知识面；根据章节内容和培养要求设置了实训项目，帮助读者巩固所学知识，提高专业认识能力和表现能力。

本书和其他教材相比，在提高素描能力的基础上，着重培养读者的专业创作能力和创造思维能力，达到可持续发展的目的。本书既可作为高职高专院校建筑工程类、建筑装饰类、环境艺术类和艺术设计类相关专业的教材和指导书，也可作为建筑装饰、环境艺术等各专业职业资格考试的培训教材，还可为广大美术爱好者和艺术设计工作者提供参考。

图书在版编目(CIP)数据

建筑素描表现与创意/于修国主编. —北京：北京大学出版社，2009.8
(21世纪全国高职高专建筑设计专业技能型规划教材)
ISBN 978-7-301-15541-7

Ⅰ.建… Ⅱ.于… Ⅲ.建筑艺术—素描—技法(美术)—高等学校：技术学校—教材　Ⅳ.TU204

中国版本图书馆CIP数据核字(2009)第121457号

书　　　名：	建筑素描表现与创意
著作责任者：	于修国　主编
策划编辑：	赖　青　杨星璐
责任编辑：	王　栋
标准书号：	ISBN 978-7-301-15541-7/TU·0088
出　版　者：	北京大学出版社
地　　　址：	北京市海淀区成府路205号　100871
网　　　址：	http://www.pup.cn　http://www.pup6.cn
电　　　话：	邮购部 62752015　发行部 62750672　编辑部 62750667　出版部 62754962
电子邮箱：	pup_6@163.com
印　刷　者：	涿州市星河印刷有限公司
发　行　者：	北京大学出版社
经　销　者：	新华书店
	787mm×1092mm　16开本　12印张　彩插7页　280千字
	2009年8月第1版　2012年11月第3次印刷
定　　　价：	25.00元

未经许可，不得以任何方式复制或抄袭本书之部分或全部内容。
版权所有，侵权必究　　举报电话：010-62752024
　　　　　　　　　　　　　电子邮箱：fd@pup.pku.edu.cn

前言

本书以高职高专土建、建筑装饰和环境艺术设计等专业教育为立足点，深入浅出地介绍了素描的基本理论、系统的训练方法及目标要求。从教师教、学生学以及专业性需求出发，依据学制、学时、岗位方向，遵循学科的基本规律，关注学生中普遍存在的就业能力低、设计思路狭窄的现象，也关注学科的应用性特点。

近年来出版的高职高专设计类素描教材，或是缺乏透视、结构性的重要内容，只是做一些表面讲解；或是理论与方法不相适应；或是把速写、默写、想象、表现等重要课题遗漏。每一个专业、学科方向都各有特色，不能断章取义地教素描、学素描，致使素描失去应有的意义。要抓重点，但不能忽视其余内容。为此，结合设计教学实际，我们有针对性地编写了这本教材，以期起到抛砖引玉的作用。

首先，在基础素描部分，本书以为专业服务为宗旨，加强对造型本质的理解，加强学生写实能力的培养，并注意教授把握结构、质量、空间的表达技巧；作为设计共同的解析性素描，融合了感性与理性，从基础素描"明暗"为主的表现中走出来向前延伸，注重内在构造与外在形态的分析表现，并以单色线条为造型的主要语言，传达设计形态。其次，在设计素描部分，针对土建、建筑装饰、环境艺术设计等专业方向进行了相应的素描训练：上述专业侧重于空间表达形式，强调运用透视造型的科学规律进行多种技法训练，并针对环境的整体特征，选择最佳视角来构建相应的透视空间。最后，综合了以上三个专业的特点，从临习、写生起步，结合创意性的素描训练，加强归纳与构成表现。此外，速写与默写、想象与再造想象也贯穿在各个训练环节中。本书的教学贯穿以下原则：

(1)素描教学是基础教学，学生掌握好基础知识和基本技能对以后的学习、发展很重要。

(2)在素描基础教学上应抓住三个主要环节（基础、发展、创造），保证学生不脱离严格训练的轨道。

(3)本着"由浅入深，由表及里，由简到繁，循序渐进"的原则进行素描 训练。

(4)在教学中，教师应帮助学生树立善始善终的学习观念。

(5)在素描训练中，要注意培养学生的客观表现能力和创意表现能力。

本书共分5章，教学课时约140，使用者可根据具体安排增减各部分课时比例。其中第1、2章为基础理论知识，以欣赏和理解为主，约占总课时的1/7；第3章为素描基础，解决艺术审美、透视规律、基础表现问题，约占总课时的1/6；第4章为专业设计素描，解决素描与专业课的相

互关联问题，培养职业表现技能，约占总课时的1/3；第5章为专业创意素描，通过具体课程创意形态造型训练，使学生从各种创造性的思维规律中演化出具有可操作的创新方法，开发学生思维拓展空间，增强设计能力和发展潜力，提高创造能力，约占总课时的1/3。

  本书由于修国担任主编，邹玉兰、张军担任副主编。具体编写分工如下：于修国编写第1章，李欣编写第2章，邹玉兰、李海岩编写第3章，张军编写第4章，曹子昂编写第5章，于修国对全书进行统稿。同时，冯晋、许鹏程审阅了全书，并提出了大量的宝贵意见，特此表示感谢。

  本书在编写过程中参考和引用了国内外许多文献资料，在此对其作者表示衷心的感谢！由于编者水平有限，不足之处在所难免，欢迎广大读者批评指正，以期能不断改进，为读者提供更完善的参考。

编　者

2009年3月

目录

第1章 造型艺术与素描 ... 1
1.1 造型艺术 ... 2
- 1.1.1 造型艺术的概念 ... 2
- 1.1.2 造型艺术的特征 ... 4
- 1.1.3 造型艺术的分类 ... 4
- 1.1.4 造型艺术的表现手段 ... 5

1.2 素描与设计素描 ... 6
- 1.2.1 素描的概念与发展 ... 6
- 1.2.2 学习素描的目的与方法 ... 15
- 1.2.3 设计素描的概念 ... 18
- 1.2.4 素描与设计素描的区别 ... 22

本章小结 ... 26
综合实训 ... 26

第2章 设计素描的功能与分类 ... 27
- 2.1 素描的功能 ... 28
- 2.2 线描 ... 32
- 2.3 速写 ... 35
- 2.4 调子素描 ... 37
- 2.5 结构素描 ... 42

本章小结 ... 45
综合实训 ... 45

第3章 素描基础 ... 47
- 3.1 材料与工具 ... 49
- 3.2 素描的语汇 ... 51
  - 3.2.1 造型元素——点、线、面的初步认识 ... 51
  - 3.2.2 比例与尺度 ... 56
  - 3.2.3 形体结构 ... 58
  - 3.2.4 光影与明暗、节奏 ... 59
  - 3.2.5 层次与空间 ... 61
  - 3.2.6 透视法则 ... 61
  - 3.2.7 形式美法则 ... 84

本章小结 ... 89

综合实训 89

第4章 观察与表现——写生训练 90

4.1 观察与表现 91
4.1.1 整体的观察方法 91
4.1.2 表现方法 92
4.1.3 表现步骤 98

4.2 观察与表现实训 106
4.2.1 建筑构件写生 106
4.2.2 室内环境与建筑外观写生 112
4.2.3 建筑与环境写生 117
4.2.4 主观表现方法 121

本章小结 124
   附例1 植物画法 125
   附例2 建筑细节画法 127
   附例3 房屋画法步骤示意 129
综合实训 130

第5章 构想与表现——创意表现训练 131

5.1 形体的虚构 135
5.2 质感的转换 140
5.3 形体的演变与组合 141
5.4 空间的转换 146
5.5 虚构的空间 149

本章小结 162
综合实训 163

附录 作品欣赏 164

参考文献 185

第1章　造型艺术与素描

教学目标

通过本章的学习，对造型艺术与素描相关知识有所了解，能初步明确素描的特征，并且对素描与专业知识的关系有相应的了解，明确本课程的学习方法、学习目的，树立正确的学习观念。

教学要求

能力目标	知识要点	相关知识	权重
对造型艺术的初步认知	概念、特征	造型艺术的概念、特征、分类、表现手段	25%
对素描的初步认知	学习方法	素描的概念与发展、学习目的与方法	35%
对设计素描的初步认知	学习方法	设计素描的概念、与素描的区别	40%

> 引例

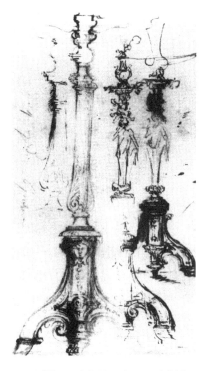

引例图 设计草图 达·芬奇[意]

欣赏引例图，思考这张图好在哪里？通过本章的学习希望每位同学能从表现手法上得到自己的答案(教师可以针对本图对学生提出指导性建议，也可以选择其他具有代表性的图片，发挥学生自己的审美能力和想象力是根本目的)。

1.1 造型艺术

1.1.1 造型艺术的概念

造型艺术(Plastic Arts)：也称"视觉艺术"或"空间艺术"。它是用一定的物质材料(如绘画用颜料、墨、绢、布、纸等，雕塑用木、石、泥、玻璃、金属等，建筑用多种建筑材料等)和手段，占据空间，通过塑造静态的视觉艺术形象，来反映社会生活的一种艺术。一般包括建筑、雕塑、绘画、工艺美术、设计，在东方还涉及书法和篆刻艺术等种类，这些通称美术，是对美术在物质材料和手段上的把握。造型即创造形体，是美术的主要特征。

造型艺术是人类最古老的艺术形式之一，随着社会生活及生产技术的发展，其范围日益扩大。造型艺术一词源于德语 Bildende Kunst，德国文艺理论家 G. E. 莱辛最早使用这一概念。德语的 bilden，原是模写或作模拟像的意思。因此，Bildende Kunst 一词曾经仅指绘画和雕塑等再现客观具体形象的艺术，至今也有时仍用于这种狭义的解释。英语 Plastic Arts 在狭义上仅指雕塑。造型艺术利用平面与空间的特性，决定了它不具备时间发展过程,然而,它却具有无限长久的感受的能力。例如,我们至今尚能看见朴素而真实地反映远古时期人类渔猎、采集等劳动生活的彩陶艺术作品(图1.1、图1.2);文艺复兴时期代表人物达·芬奇的肖像画《蒙娜丽莎》,仍向人们展示着富有魅力的微笑(图1.3)。

图1.1　人面鱼纹盆(新石器时代半坡文化)　　图1.2　漩涡纹瓶(新石器时代马家窑文化)

图1.3　蒙娜丽莎　达·芬奇[意]

【知识链接】

达·芬奇(1452—1519)全名列昂那多·迪·塞尔·皮耶罗·达·芬奇,意大利文艺复兴时期画家,科学家,人类智慧的象征,是意大利文艺复兴时期最负盛名的艺术大师。他不单是个大画家,还是一位建筑师、数学家、音乐家、发明家、解剖学家、雕塑家、物理学家和机械工程师。他因自己高超的绘画技巧而闻名于世,同时还设计了许多在当时无法实现，但是却现身于现代科学技术的发明。总的来说，达·芬奇大大超越了当时的建筑学、解剖学和天文学的水平，但是却未能推动其发展。达·芬奇5岁时能凭记忆在沙滩上画出母亲的肖像，同时还能即席作词谱曲，自己伴奏自己歌唱，使在场的人赞叹不已。《最后的晚餐》是世界最著名的宗教画，《蒙娜丽莎》则为世界上最著名、最伟大的肖像画。这两件誉满全球的作品使达·芬奇的名字永载史册。

我国的造型艺术品类众多，历史悠久，具有自己的民族特色。晋朝时，对美术的造型特征有了理论概括，陆机说："存形莫善于画"。南齐谢赫在《画品》中所说的"应物象形"，就是指绘画的造型。但是，我国是从20世纪初以来才广泛使用造型艺术这一概念的，还把书法、篆刻纳入它的外延中，这一点与西方不同。

1.1.2　造型艺术的特征

造型艺术的特征，从与其相对的概念——音响艺术(主要指诗歌、音乐)的比较而来，它们最大的区别在于：前者以颜色、石头等可视的物质材料表现形象；后者以语音和乐音表现形象或情感。另外从它们的存在方式、展开方式、感知方式上看，造型艺术总是存在于一定的空间中，以静止的形式反映动态过程，主要诉诸视觉；音响艺术则在时间中展开并完成，主要诉诸听觉。所以，造型艺术又可称为空间艺术、静态艺术、视觉艺术；音响艺术则可称为时间艺术、动态艺术、听觉艺术。造型艺术的上述特征都是由其使用的材料和表现手段所决定的，造型艺术一词综合了这些特征，因此被认为是最适当，实际上也是最通用的概念。

1.1.3　造型艺术的分类

T.利普斯认为，造型艺术又可分为形象艺术和抽象的空间艺术。他也常将后者简称为空间艺术，比空间艺术的普通意义狭窄。形象艺术指再现自然或社会的具体形象和观念形象化的绘画、雕塑，属于所谓的再现艺术；抽象的空间艺术指以抽象的空间和体积构成的建筑、工艺美术、设计等。

对于再现的造型艺术，M.弗尔沃林又区分为再现自然的和再现观念的两种，由此分别称为物体造型和观念造型。根据这种理论，旧石器时代的造型艺术是物体造型；新石器时代以后，随着抽象思维的发展，才形成观念造型。之后，这两种类型在造型艺术发展史中并存。

造型艺术包括许多具体的艺术形式。

在绘画方面，按表现艺术作品时所使用的工具材料来分，有油画、水彩画、水粉画、蛋彩画、垩笔画、中国画、版画、丙烯画。按绘画题材分有年画、连环画、肖像画、历史画、风俗画、风景画、静物画。

其中中国画按表现方式来分有工笔白描、工笔重彩、小写意，大写意等；按题材分有人物、仕女、山水、花鸟、兰竹、虫鱼、走兽、鞍马、丹色墙绘。山水画中又分青绿山水、金碧山水、浅绛山水、冰雪山水，还有专门表现以建筑为主的界画等(图 1.4、图 1.5);版画中细分有黑白木刻,套色木刻,水印木刻,铜版画,锌版画,石版画,麻胶版画,塑料版画,丝网版画等。

图 1.4 界画(清) 佚名　　　　图 1.5 界画(清) 佚名

造型艺术在雕塑方面用于纪念碑、园林建筑和建筑装饰的各种圆雕、高浮雕和地浮雕。用于室内展览和陈设的架上雕塑表现各种主题:有习作性的,多以人物头像、胸像、半身像和全身像或群像为主要表现对象;也有采用动物或植物为表现对象的。

造型艺术除了绘画和雕塑外,还有陶瓷、青铜器、各种工艺美术品、民间剪纸,以及实用美术中的美术字、图案、商品广告、橱窗设计、产品造型设计、包装设计等,还有建筑艺术,它们都属于造型艺术的范畴。

1.1.4 造型艺术的表现手段

造型表现手段是指造型艺术中创造艺术形象的手法和手段。

绘画是造型表现的主要手段之一,主要借助于色彩、明暗、线条、解剖和透视等;雕塑则主要借助于体积和结构等。通过长期的艺术实践,这些手法和手段形成了相应造型艺术独具的艺术语言,并决定了这些艺术各不相同的表现法则,关系到造型艺术形象的成败,以及艺术作品的感染力。

艺术家对造型表现手段规律性的不断探索，精益求精，是使艺术创作能够表现新的生活内容和满足人们不断发展的审美爱好的必要条件。

1.2 素描与设计素描

素描是人类造型艺术活动中最早的、最基本的形式。原始人的岩洞壁画就其造型功能远胜于色彩功能这一点来说，即是一种广义的素描。用单色线条表现对象的外形，是人类视觉文化进步的一个标志，因为它必须将有色的、立体的对象抽象为单色的、平面的线条，实际上就是在平面上重新构造对象。

素描是一个科学的过程。素描是研究一切造型艺术、人和自然的关系以及所有因素的一个非常好的途径，但是素描绝对不是一个目的，它是一个过程。我们对素描解剖、透视、色彩、光学等这些学问都要进行研究。

素描也是一种造型艺术，其目的是在两维的纸面上创造三维的立体形态。造型的准确和内在结构的科学是最为重要的。

1.2.1 素描的概念与发展

在各种绘画形式中，素描是绘画的基础，是造型艺术的形式之一，也是造型艺术的灵魂，"素描"就是"素色描绘"和"朴素的描写"的意思，就是单色画。一般是指用木炭条、炭精条、铅笔、木炭笔、钢笔、毛笔等较为单纯的工具和单一的色彩在纸面上所作的绘画，是通过形体结构、比例、位置、运动、线条、明暗调子等造型因素体现的。由于它使用的工具材料简单，色彩单一，通过严格的素描训练，便于学习者掌握造型艺术基本规律，研究和掌握造型艺术诸因素，训练和培养正确的观察方法、思维方法和表现方法，提高审美情操，打下牢固的造型基础。素描可以用来进行美术创作，绘制创作草图和进行造型基本功训练。因此，在学画的初级阶段，素描的临摹、写生是所有学画者必须经过的过程。

素描成为独立的艺术形式是从14世纪末开始的。起初是在意大利以习作、临摹作品、速写的形式出现，开始逐步体现出画家的个性。

到15世纪，阿尔卑斯山以北的国家产生了严密、细部精确的素描风格。而文艺复兴时代的北意大利画家则注重速写和习作，作品具有描绘比较自由和概括的特征，意大利画家则更多地用肯定的线条勾描轮廓，此时素描开始成为工场授徒的教学手段，达·芬奇、拉斐尔、米开朗基罗是意大利文艺复兴时代卓有成就的素描大师(图1.6～图1.11)。德国画家丢勒精于各种素描技巧，在版画中甚至可以明显地见到他运用清晰的线描方式作画的特点(图1.12、图1.13)。

图 1.6 三博士来拜草稿　达·芬奇[意]　　　　　图 1.7　战士　达·芬奇[意]

图 1.8　女子肖像　达·芬奇[意]　　　　　图 1.9　圣母像　拉斐尔[意]

图1.10 男子肖像 拉斐尔[意]

图1.11 人体素描 米开朗基罗[意]

图1.12 十二岁的耶稣像 丢勒[德]

图1.13 老人 丢勒[德]

16世纪德国画家H.荷尔拜因严谨、扎实的素描风格影响了德国、英国、法国、荷兰等国画家(图1.14)。P.勃鲁盖尔则直接继承了丢勒的风格。

17世纪意大利的卡拉奇兄弟创办的美术学院将风景素描推到了一个高峰。法国画家克洛德·洛兰更以其富予抒情意味和理想化的风景素描闻名，A.瓦托则创作了大量的人物素描，尤其注重它自身的绘画性。

图1.14 埃利奥特先生 H.荷尔拜因[德]

18世纪意大利的G.B.提埃波罗创造了钢笔加晕染的素描。西班牙画家F.de戈雅则长于"红粉笔—毛笔"素描。

从18世纪末到19世纪初,线的重要性重新得到强调,J.-A.-D.安格尔严谨的铅笔素描成为新古典主义素描的典范作品(图1.15～图1.17)。稍后的E.德拉克洛瓦则画得比较奔放。H.杜米埃更是在光线、气氛、人物性格上有很高成就。印象主义画家如E.德加等人的素描对光、运动和人物动作的韵律有深入的研究(图1.18)。

图1.15 帕格尼尼肖像 安格尔[法]

图1.16 妇人肖像 安格尔[法]

到了20世纪，西方素描的草图功能大大减弱，而逐渐成为完全独立的画种，线条自身的意义被提到很高的地位。P.毕加索的素描抛弃了古典素描的造型观念，使素描成为更加偶发的精神活动的自由发挥(图1.19)。从文艺复兴时期及欧洲的线条顶峰到俄罗斯的块面处理都把素描表现到了极致，特别是出生于俄罗斯的列宾以及旅美的个性画家尼古拉·费欣更把素描中的线面结合做到无人能及、无人能比的程度(图1.20～图1.26)。他们的素描头像永远给人一种轻松、愉悦、美好的感觉。从他们的素描中我们找不到一点点浪费的线条、色块，那完美的线条穿插、交代清晰的虚实结构呼应都是很多大师所不及的，即使是带有变形的土著人物也描述得栩栩如生、活灵活现，让人百看不厌。

图1.17 青年肖像 安格尔[法]

图1.18 舞蹈演员 德加[法]

图1.19 格尔尼卡(局部) 毕加索[西班牙]

图1.20 手工作坊 列宾[俄]

图 1.21　作家托尔斯泰肖像　列宾[俄]

图 1.22　女青年　费欣[美]

图 1.23　黑人肖像　费欣[美]

图 1.24　老人头像　费欣[美]

图1.25　妇人肖像　费欣[美]　　　　图1.26　中年男子　费欣[美]

【知识链接】

伊里亚·叶菲莫维奇·列宾(1844—1930),19世纪后期伟大的俄罗斯批判现实主义绘画大师。列宾在充分观察和深刻理解生活的基础上,以其丰富、鲜明的艺术语言创作了大量的历史画、肖像画,他的画作如此之多、展示当时俄罗斯社会生活之广阔和全面,是任何一个画家都无法与之相比的,《伏尔加河上的纤夫》是他的成名之作。

尼古拉·费欣(1881—1955),美国杰出画家,出生在俄罗斯,列宾的学生,他受东方传统绘画的影响,作品别具一格,代表作有《秋天》、《卡努里雅肖像》、《父亲像》等。他的画色彩明快、明暗对比强烈,表现力强;素描头像用炭笔画在坚实光滑的纸上作成,线条流畅准确、自成一家。费欣是位创作欲望很强的艺术家,他在所涉猎到的各个艺术领域都尽情地发挥了自己的艺术天赋。在油画、素描、水彩以及建筑设计、木雕、陶艺、印刷设计、舞台设计等应用艺术领域都表现出了自己独到的艺术见地。

素描的概念虽源于西方绘画体系,但从单色画的角度而论,中国画的白描、水墨画也属素描的一种形式,它们都具有一般素描的各种基本功能。中国魏晋南北朝、隋唐时期出现大量的卷轴画,自此白描这种独特的素描形式逐步发展。顾恺之、吴道子、李公麟等均为影响深远的大师(图1.27、图1.28、图1.29)。20世纪初,西方的素描开始传入中国,推进了近现代美术的进程。当时的素描主要是作为美术教学的基本功训练手段,它以锻炼整体观察和表现对象的形体、结构、动态、空间关系(包括明暗、透视关系等)的能力为主要目的。徐悲鸿、王式廓的素描成就非常突出(图1.30～图1.33)。

图1.27 女史箴图(局部)(东晋) 顾恺之

图1.28 八十七神仙卷(局部)(唐) 吴道子

图1.29 维摩演教图(北宋) 李公麟

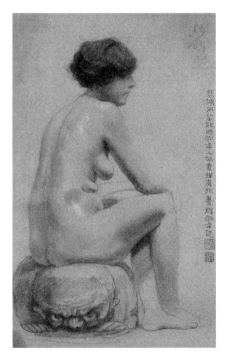
图1.30 女人体写生 徐悲鸿

图1.31 吹笛少女　徐悲鸿　　　　图1.32 诗人陈散原肖像　徐悲鸿

图1.33 斗地主　王式廓

【知识链接】

王式廓(1911—1973)字子容，山东掖县(今莱州市)西由村人，当代现实主义画家和人民美术教育家。早年学习美术，1930年入济南爱美高中艺师科学习西画并关心革命。1932年秋入私立北平京华美术学院，1933年到国立杭州艺专学习西画，兼学油画、水彩画，并经常观摩大师作画，学习中国传统绘画艺术。

1935年在上海美专毕业后，1936年考入日本东京美术学校学习。历任延安鲁迅艺术学院研究员，晋冀鲁豫边区北方大学、中央美术学院教授，中央美术学院研究部主任、院党委委员。1973年5月23日在河南农村深入生活时，因劳累过度突发脑溢血逝世，终年62岁。其代表作有木刻《改造二流子》、油画《井冈山会师》等，大型素描《血衣》为建国以来最优秀的艺术作品之一。人物性格刻画入微，以质朴、浑厚的艺术风格，生动地塑造了一系列中国农民的形象。

忠实于客观的素描必须要求比例的准确、型的准确、结构的准确以及大的素描关系准确，紧与松、虚与实、暗与亮、轻与重都是素描不可缺少的主要元素。我们要在二维的纸面空间塑造出三维的立体空间就必须懂得透视的变化、虚实的变化、体积的概念。素描是锻炼体积造型的最基本和最有效的方法。所以，懂得主动地观察、理解、感觉是学习素描的最重要的条件。

1.2.2 学习素描的目的与方法

学习国画、油画、版画、雕塑、工艺美术，常从学习素描入手，世界各国均把素描作为重要基础课列入造型艺术专业的教学计划，对学习者进行基础造型本领的培养和训练。

素描基础训练的基本目的是：一、培养正确的观察方法；二、理解和掌握物象造型规律；三、客观神态的表现和主观意念的表达；四、艺术语言和手段的熟练运用；五、探索形式，掌握各种形式构成(如平面构成、立体构成等)的规律。要达到此目的，必须掌握科学的观察方法，深刻的表现方法，坚实的造型能力，以及正确认识和处理学习过程中的一些关键性问题。

培养科学的观察、认识和思维的方法。素描教学是一个完整的训练体系，它要求眼、脑、手同时得到锻炼，认识和技能同时得到提高。为了更好地培养分析问题和解决问题的能力，对于造型的分析和综合，深入刻画和艺术的概括，都要以唯物辩证法为指导，正确认识和处理主观与客观、现象与本质、感性与理性、局部与整体的关系，整个作画过程都要在"整体的关系"中去观察、认识和表现对象。这是掌握形体塑造技巧的前提，符合审美原则的表现方法的基础。

运用多种训练手段。长期的素描写生训练对培养写实能力和深入准确的描绘能力是有效的，应作为造型能力训练的重要手段予以重视；但单有这方面的能力是不够的，也是不全面的。速写对敏锐的观察和艺术的概括能力的培养；默写对形象的理解和记忆能力的训练；摹写对借鉴优秀技法的作用；以及构图练习对创作能力的提高和技能的全面锻炼都是十分有益的。在学习过程中我们要坚持"由简到繁"、"由浅入深"、"循序渐进"的原则，把长期作业和短期作业结合起来；课堂练习和课外练习结合起来；写生和速写、默写、摹写、构图练习结合起来。这样穿插进行，合理安排，通过多种途径和手段，就能使造型能力得到全面的锻炼与提高。

采取多种表现方法。一般认为素描就是长期的全调子素描，这种理解是不够全面的；应该说那只是素描的一种形式和方法，也是目前常用的方法，但并非是唯一的表现方法。素描在平面上塑造形象、表现空间的基本要素是点、线、面，通过它们的单个运用和综合运用，均会产生不同的素描样式，并有不同的表现效果。线条对形体的概括和情感的表现，块面对立体空间和真实感的表现，各有所长，要充分研究和发挥它们的表现功能，取各法之所长以适应专业学习和艺术表现的需要。同时还要向历代名家学习，得各家之所长为我所用，丰富和发展我们的素描技法(图1.34～图1.38)。

图1.34　伊斯坦布尔　佚名

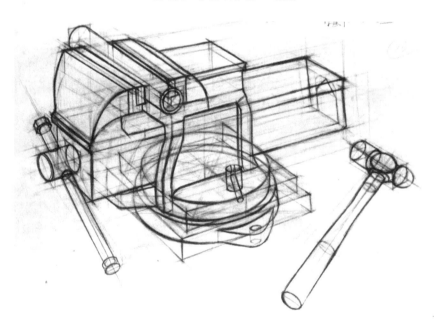

图1.35　工具　学生作品

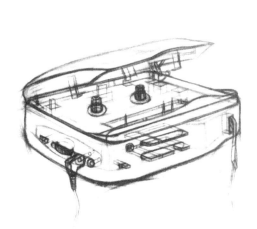

图 1.36　随身听　学生作品

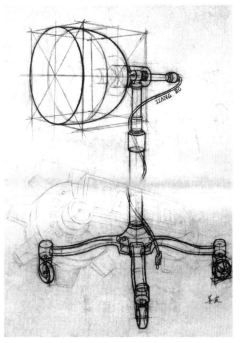

图 1.37　聚光灯　学生作品

图 1.38　静物　学生作品

　　将理论和实践结合起来。素描基础训练的技术性很强，需要艰苦的劳动，刻苦的磨炼，通过大量的实践去掌握它。但如没有必要的理论知识作指导，收效未必显著。在素描实践过程中，除了必须有正确的科学和观察、认识思维的方法，还要有解剖结构、透视变形、明暗调子、线条运用和构图处理等方面的知识；这就要结合技能训练学习解剖、透视、素描、构图等方面的理论知识。这样在理论指导下在实践中逐步提高认识，素描技能就会得到不断的提高。

1.2.3 设计素描的概念

设计素描是现代设计艺术前沿的基础课程,是造型表现能力和创意思维能力的基本训练方法。

设计素描是现代设计的绘画表现能力,是表达设计创意、收集设计素材、交流设计方案的手段和语言,是设计师必备的专业设计表现技能。

设计素描是素描全部意义的一个方面,不是与素描相提并论的概念。设计素描,是指以设计艺术活动为目的,根据素描造型规律和设计艺术需要所描绘的单色绘画,是设计专业的造型基础。20世纪以来,现代设计崛起,至今已发展成为一项巨大产业,作为现代设计学科本身,它已具有社会科学、自然科学与艺术学综合交叉的内涵。无论其作为一门学科还是一项产业,都具有深刻的内涵。为此,在传统素描的大题目下,用"设计"一词作强调是为了区别于纯艺术形态。然而,它毕竟以艺术作为自身的主干框架,若为强调"设计"而摒弃素描艺术的其他因素是不恰当的。

所谓设计素描,是相对于明暗素描而言。设计素描以结构线条为主进行表现,不是说明暗素描就不讲究结构线条,也不能说设计素描就摒弃明暗及其他全部因素,而是说设计素描需要对结构线条精心地进行研究和恰当地把握分寸。它直截了当地将画面对象的立体结构、空间透视以解析形式表现出来,并根据对象的理解,去分析、把握形体,力求排除对象在画面中的琐碎因素。尤其是要运用解析常识,牢牢地把握形体的骨架和空间、结构以及节点之间的关系,进行以理性为主的表现(图1.39~图1.42)。

图1.39 接线盒 胡冰

图1.40 立体主义素描 布拉克[法]

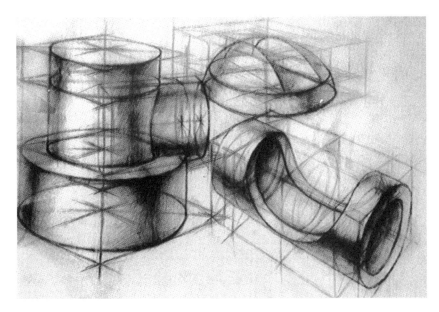

图 1.41　静物　学生作品

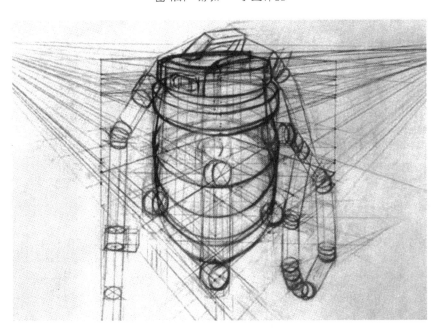

图 1.42　吸尘器　王子佳

　　素描虽然画的是形体，却不应该仅仅是形体本身，更多的是对形体的感受和内在精神的把握。素描的表现形式、方法、手段取决于视觉思维，只有在表现对象时积极主动地选择，才能体现视觉的基本特征。视觉，绝不是被动地复制感受，而是一种积极的理性活动。知觉是思维的结果，推理是直觉的程式，最后才能形成自己的创造(图 1.43～图 1.47)。

图 1.43　楼梯意向　李雪娟　　　　图 1.44　楼梯意向　陈辉

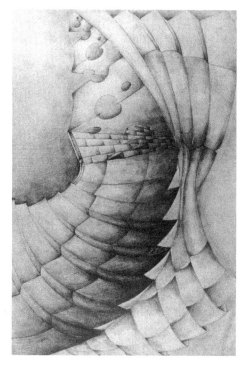

图 1.45　楼梯意向　范思蒙　　　　图 1.46　楼梯意向　郭凯

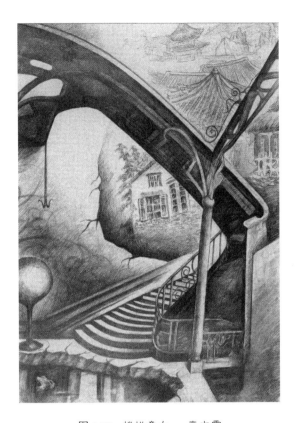

图 1.47　楼梯意向　李文霞

设计素描作为设计创作思维的一种模式，不仅仅运用素描形式，还反映了设计者的创作智慧；同时，也是完善创作理念的一个过程。设计素描的主要教学任务是对学生的艺术表现方法进行培养，主要包括：审美感受的启发；基础造型和基本技巧的训练；艺术语言、艺术形式和艺术造型规律的掌握及运用；创造能力的培养与提高。设计素描可从不同角度、不同侧面去研究与表现，根据透视、解剖、材料分析，形成一个完整的图形或设计实体，把构思和艺术表现贯穿在一起，是一个良性循环的过程。同样，它还传播人的设计理念及创作观点，这是通过素描形式或者设计结果来完成的(图 1.48、图 1.49、图 1.50)。

图 1.48　装饰表现　学生作品

图 1.49　装饰表现　学生作品　　　　图 1.50　装饰表现　学生作品

1.2.4　素描与设计素描的区别

　　澳大利亚工业设计协会调查结果表明：设计艺术专业毕业生应具备的十项技能首位是"应有优秀的草图和徒手作画的能力，作为设计者应具备快而不拘谨的效果图形表达能力，绘画是设计的源泉，设计草图是思想的纸面形式。"

　　包豪斯(Bauhaus)，意为"建筑之家"，借以指"新的设计体系"。包豪斯是世界上第一所完全为发展新型的设计教育而建立的学校，主张"艺术与技术的统一，设计与工艺的统一"。

　　1. 设计素描训练的目的

　　(1) 严谨的视觉感受与反应能力(眼)。
　　(2) 科学的理性分析与理解能力(脑)。
　　(3) 丰富的形象思维与创新能力(心)。
　　(4) 熟练的视觉传达与表现能力(手)。

　　2. 造型功能

　　绘画性素描追求的是富有感染力的生动的艺术造型，是以陶冶情操的纯艺术作品发挥其造型功能(图 1.51)。

　　设计素描是在符合结构、工艺、材料、技术等设计要素前提下，运用草图、效果图、爆炸分解图来传达设计师的理念和构想，以设计适合人们生活需要的实用产品为目的，发挥其造型功能(图1.52、图1.53)。

图1.51　素描静物　林晓明

图1.52　设计结构素描　学生作品

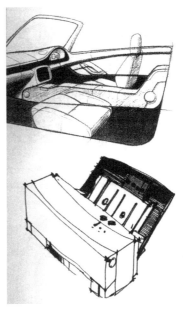

图1.53　设计产品素描　学生作品

3. 造型思维

绘画性素描是以感性为基础，与直觉性、形象性紧密结合，来表现艺术形象的(图1.54)。

设计素描是以逻辑思维为基础，将形象思维统一在逻辑思维之中，来拓宽设计作品的表现力的(图1.55、图1.56)。

图1.54 绘画性素描 孙梅

图1.55 设计素描 金华娟

图1.56 设计素描 陈婷

4. 造型方法

绘画性素描是以训练扎实的形象再现能力为宗旨，强调认识与表现的辩证关系(图1.57)。

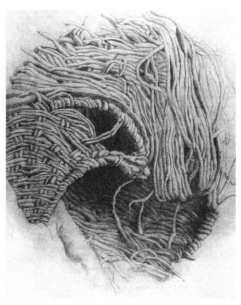

图1.57　绘画性素描　范光国

设计素描研究立体造型的形态表现规律，启发并掌握对心理物象的视觉表达能力(图1.58、图1.59)。

图1.58　设计素描　杜卓选　　　图1.59　设计素描　学生作品

5. 造型特点

绘画性素描以写实为重点，注重强烈的感性认识，形象的深入研究和准确表现。材料以铅笔、炭笔、毛笔为主(图1.60)。

设计素描不仅注重掌握物象的造型表现，更注重创造性物象构造的表现，造型形式多样，材料应用广泛(图1.61)。

图1.60　绘画性素描　　王荣　　　　图1.61　设计素描　　蒙德里安[荷兰]

【知识链接】

彼埃·蒙德里安(1872—1944)，荷兰画家，风格派运动幕后艺术家和非具象绘画的创始者之一。他以几何图形为绘画的基本元素，对其后的建筑、设计等影响很大。蒙德里安是一个理想主义者，一个敢于用艺术建构未来生活的人。他打破了我们认为理所应当的现象：绘画总在平面上进行。对每一个长度他都通过绘画中的透视效果，去摆脱眼睛已习惯的深度影响，每一条倾斜的线对他来说都涉及了透视原理。在蒙德里安那里，空间在平面中是自我独立的。

设计素描注重立体的全方位意识培养，产品设计、展示空间设计，都是以360°环视的立体形态或纯实的空间形式展示。因此，设计素描造型是多维度的空间造型。

本章小结

本章主要讲述了素描的发展和造型艺术的特点；同时，为了提高对设计素描的认识，本章对设计素描与素描做了比较。在学习时应该从观念上做好设计的准备，避免死记硬背各个知识点。

综合实训

1. 完成一幅写生素描，4开纸，工具不限。
2. 根据写生稿，完成两幅不同风格的设计素描。

第 2 章 设计素描的功能与分类

教学目标

通过本章的学习,对素描的功能与分类有所了解,并能初步掌握不同的表现方式具有的优缺点,从而明确不同题材所应采取的表现手法。

教学要求

能力目标	知识要点	相关知识	权重
素描的功能	认知与表现	形、神、审美的发展潜力	40%
素描的分类	线、色调、结构	针对表现对象的特征明确表现手法	60%

> 引例

引例图1　武当山紫霄宫　齐康

引例图2　风景速写　佚名

这两张图在表现手法上有何区别？

2.1 素描的功能

　　随着我国教育体制的发展完善，素描教学的不断改革和深入，以及现代设计手段的普及和应用；设计素描已经演变成为素描的一个分类，逐渐形成自己的体系。我们说的设计素描与传统的艺术类绘画素描是不一样的概念，设计素描是为设计服务的。通过素描教学的训练使设计者具有扎实的造型能力，敏锐的洞察力，全面的分析解读、认识认知的能力，准确的审美表现力，全面的思维能力，使素描作为一种手段为今后的设计服务。那么素描在我们学习设计中到底能起到什么样的作用呢？让我们首先来了解一下素描的基本功能或者说是素描的功能性作用。

1. 造型功能

素描的造型功能是指素描是对客观事物进行表现的手段之一,即素描是表现客观对象的一种造型语言。我们对客观物象的表现需要作画者在认识和理解客观对象的基础上,在平面的物质上来表现客观事物的形象、状态等,这是素描的最基本的功能。在中国绘画里有"以形写神"、"形神兼备"的说法,"神似"是最高的境界,但是也需要依靠"形"来"写神",只有"形"和"神"兼备,才是最好的。因此"形"有着广泛的内容。现在我们讲的"造型",不仅仅是表现客观物象的形状、形态,还包括客观物象的空间感、结构、体积、质感、立体感等,在素描表现的高级阶段,还包括作画者对客观事物的主观认识在其相应的审美能力和状态下的表现,体现作画者的修养和认知程度(图2.1)。

图 2.1　物象形态训练　涂俊

【特别提示】

中国绘画的造型理念和西方绘画的造型理念是有一定区别的,对于"形"的理解也各有不同,可以通过图书、网络等手段了解中西方绘画在造型上的差异,提高对造型的认知程度。

2. 认识、认知功能

正确地观察事物,需要在观察的基础上对事物进行认识和认知。首先是观察事物,观察的方法是"整体→局部→整体"的过程,在这个过程里,我们要学会去思考、对比、归纳、强化、整理,把握事物的本质性和规律性,从而最终达到认识和了解事物的目的；其次是认识事物，我们可以从表象和本质两个方面来理解对事物的认识程度，通过形象的、抽象的、创造性的思维方式来认识事物并最终达到认知事物的目的。素描的过程也是从认识事物到认知事物的过程，这也是素描带给我们的认识事物的方法。认识、认知的过程是一个自我分析、加工、解读、理解的过程，需要我们全方面、多角度地去认识事物，感性的东西和理性的东西需要融汇和贯通，逐步培养起认识、认知事物的独特能力。

3. 表述、表现功能

素描的表述、表现功能可以从具象和抽象两个大的方面思考。现代的素描已经不仅是能够在平面上体现客观事物的形状、形象等，而是体现客观事物和绘画者本体的统一，也就是说"表现"的功能。在这个层面上来讲，客观事物已经不重要了，它仅仅是作画者表现客观物象的媒介，通过这个媒介要表现的是作画者本身的感受和对世界的理解和感悟。也就是通过表述客观物象，运用自己的独特语言传达一种视觉信息，通过这种视觉信息来感染别人，达到"表现"的目的。法国大雕塑家罗丹在论及素描时特别富有深层的美学意味："有人以为素描本身是美的，而不知素描之所以美，完全是由于所表达的真实和感情。""炫耀自己素描的艺术家，想在自己的文体上博得好评的文学家，好比穿了军服在人前夸耀，而不肯前去作战的军人，或者好比把犁头擦得很亮，而不去深耕的农民。真正好的素描，好的文体，就是那些我们想不到去赞美的素描与文体，因为我们完全被它们所表达的内容所吸引。"(罗丹《艺术论》) (图 2.2)。

图 2.2　人体表现　埃贡·席勒[奥地利]

4. 审美表现功能

设计素描不光要满足人们的物质需求,还要在一定程度上满足人们的精神需要和审美要求。设计素描表现出来的东西是"美"的,具有审美表现的功效,应当突出各设计行业的审美需要去表现客观物象,同时设计素描的最终目的是设计"产品",具有相应的实用性、装饰性。我们应当多方面地提高对于"美"的认识,提高审美情趣,了解审美意义,真正知道什么样的东西是为人们所普遍接受的"美的",什么样的东西是"丑的",在融入形象的造型意识前提下,发挥自己的创造力和想象力,结合现代设计元素,突出实用效果,创造和设计"美"的元素(图 2.3、图 2.4)。

▶ 【知识链接】

不同知识水平的人对于"美"的理解是不同的,在不同的历史时期和不同的社会背景下,对于"美"的认识也各有千秋,但是一切符合艺术规律的"美"是人们认为的普遍的"美"。

图 2.3　圣母像　达·芬奇[意]　　　　图 2.4　年轻女子　提香[意]

5. 搜集、记录功能

无论是绘画类还是设计类的专业,创作都需要通过素描这种最直接的手段来搜集和记录我们所需要的各种素材。"艺术来源于生活",这是一个亘古不变的真理。虽然现在有照相机、摄像机等数码设备的帮助,但是数码设备所带给我们的都是没有生命力的东西。只有经过我们眼睛搜集到的东西,经过大脑处理和加工以后再通过脑、眼、手的配合,所带来的才是生动的、有生命的视觉语言,这种语言才能够感染人、感动人。实用性的设计素描能够在很大程度上为设计师提供形象创造、思维表现、情感表达和宣泄的第一手资料,为最终的设计服务(图 2.5)。

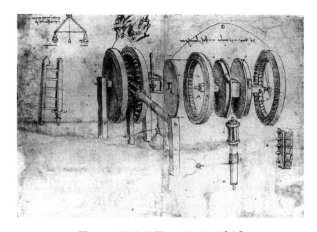

图 2.5　设计草图　达·芬奇[意]

2.2　线　　描

　　线描是基本抛弃光影对客观物象的影响，单纯依靠提炼的线条来表现物象的形式。在原始岩画、陶器上我们都可以看到祖先运用线条无意识地刻画着自己的世界，线条在原始人类心目中只是一种符号的代表，刻画的内容与当时他们所处的环境、生产、生活是休戚相关的，但是却具有很强的概括性和表现性。在劳动和生产的过程中，原始人对于用线来表现生活的愿望越来越强烈，后来逐渐发展成为装饰纹样和文字，奠定了线条造型的美学基础和基本形式(图 2.6、图 2.7)。

图 2.6　氏族战争岩画(新石器时代)　　图 2.7　人物舞蹈纹盆(新石器时代马家窑文化)

　　文艺复兴时期的大师们运用线描的造型手法留下了大量的作品。达·芬奇在《论绘画》一书中指出："要认清轮廓的来龙去脉，讲究线条的完美与曲折，清晰与模糊、粗与细"，这在达·芬奇的诸多作品中有很好的体现。在中国绘画中，线条是非常重要的造型手段，甚至一根线条也是画家真实情感的流露和制造意境的手段。中国绘画中的线，抛弃了光线对物象的影响，同时由于毛笔、宣纸等工具的特殊性，从而出现了线条干、湿、浓、淡的笔墨效果。中国的书法也是线条造型的代表。虽然中西方绘画存在人文、地理、文化等方面的差异，绘画理念有所不同，但是在运用线条造型上却是有很多交融点的(图 2.8、图 2.9)。

客观物象本身并没有线条存在，我们需要在认真观察的基础上，对客观物象进行深入地分析，梳理、概括出能够表现物象的线条，用线条体现物象的造型、结构、质感等。线条是经过作画者浓缩、提炼的，带有鲜明的主观特点。要善于在客观物象上发现可创新元素，发现多种视觉元素组合所形成的特殊关系，寻找它们的契合点，感觉形象所带来的意象，将多种元素重新整合、重构。

图 2.8　线描人物　　埃贡·席勒[奥地利]　　图 2.9　天王送子图(唐)　　吴道子

线描是主要运用线条语言，对客观物象的形态、体积、结构、透视、空间等进行表现的素描。在线描中，线条是主导，充分利用线条的表现力，以浮雕式的造型形式，配合体现形体结构、空间转折等的色调来刻画物象。设计专业的线描表现不是要求科学、准确地表现物象的绘画性线描，而是要通过线条造型的手段，通过变形、夸张等，结合设计原理，强调表现的是自我意识和创意性思维。

线描具有很强的概括性，这是它最突出的特点和优点之一。面对纷繁芜杂的客观物象，我们应当理性地分析客观物象的体积、结构关系，树立以线条造型的意识，首先提炼出我们需要的线，选择最能够表现客观物象结构关系的线条去概括表现，忽略和舍弃对表现没有帮助的无意义线条。这也是培养设计者形象性思维和概括性思维很好的方法。面对平凡的客观物象，将你所感受到的独特的审美形象和具有表现意味的视觉元素概括提炼出来，将提炼出来的视觉元素综合自己的设计理念和认识，从而形成自己独特的视觉形象。每个人的思维是有差异的，对客观物象的解析能力和自身重组构成的能力也有差异，因此就形成了各自不同的表现特点。

线描造型具有很强的形式美感。线描主要是由线条构成的统一体，就线条本身来讲，是各种构成要素的集合体，本身就具有曲直、深浅、粗细、软硬、轻重、断连、毛光等形态变化，不同形态的线条共同出现，根据形式美的法则进行排列和组合，分割平面的空间，形成多维的空间关系和强烈的形式美感。线条在画面上的分布，线形的变化，不同线形的线条的疏密排列，能够体现画面的韵律感。线描可以配合一定的调子来协助表现，调子的排列可以认为是点或者面的排列组合，点、线、面对画面的形式美感也有着很好的辅助作用。线条的形式美在中国画中表现得尤为突出，中国画中的线条也是非常讲究的，一根线条的粗细变化可以体现物象的结构转折和变化，线条的浓淡、疏密变化可以体现空间关系。

线描的意象表现。从事线描的学习要从根本上为今后的设计服务，不是形象地再现客观物象，而是要运用线描的手段，根据客观物象提供给我们的基本元素，归纳概括形象的同时，寻找自己的感受，把这些形象元素意象化，展现自己的创意和设计理念。通过线条的粗细曲直变化，线条之间的疏密穿插关系，各种意象元素的综合，把握形和意之间的关系，体现出作画者的自我意识、情感世界和创意性思维（图2.10）。

图2.10　风景写生　弗洛伊德[奥地利]

【特别提示】

线描中线条的意象表现要和作画者在作画时的情感相联系，充分体现作画者的感情世界。在训练过程中要着意训练这一方面，有助于创意性思维的培养。

不同线条的视觉表现力不同，不同线形的线条长时间在人们的头脑里代表了不同的印象，我们可以将线条大致地分为直线和曲线两大类。水平的线条有视觉分割的作用，产生开阔、舒展、延伸感；垂直的线条，分割视觉的同时，有高耸、矗立、向上的感觉；倾斜的线条，分割视觉，有向各方向延伸或收缩的不稳定感觉；曲折的线条和弧线条，富有张力，改变视觉的方向，动感强烈；发散型的放射性的线条有热情、奔放的感觉；三角形的线条则给人以稳定感。我们可以充分利用线条的视觉表现力来表达和抒发情感。众多的不同线形的线条汇集在一起的时候，所带给我们的是复杂的视觉感受，在处理众多线条的时候，要努力找到画面中主导的线和辅助的线，突出主导，使其在画面中更具视觉冲击力。

【课内实验】

根据不同形态的线条产生的不同视觉感受进行课堂实验，亲身感受线条是如何表达感情的。

2.3 速　　写

速写，英文叫 sketch，有素描的意思，也指草图，是一种快速描绘客观物象的手法。起初速写是画家在创作前搜集素材的一种手段，因其能够在较短的作画时间里快速捕捉对象，简洁、生动地表现对象而受到画家的青睐和广泛应用。在实际操作中，可以用作速写的工具和题材都没有具体的限制和要求，从静态的到动态的，可以走到哪画到哪，看到什么画什么。目前，对于艺术设计类的教学，速写体现出越来越重要的功能，对于造型基础的训练、快速把握客观物象的特点、体现审美意识、培养创造技能有很好的作用。速写的对象有很多，艺术设计专业可以根据专业的不同有选择性的进行训练，如装潢专业可以多进行静物、人物速写训练；环艺专业可以多进行风景速写训练；建筑设计专业可以多进行建筑速写训练；服装专业可以多进行人物、人体速写训练等。

速写是一项体现造型综合能力的素描训练手段，是素描在实际运用过程中的发展和应用，对形体的理解、空间结构关系、透视解剖关系、画面构图等等在速写中必须得到体现。速写的训练概括讲的就是要"得之于心，应之于手"，因为其要求作画的时间比较短，要求具有整体的画面意识、扎实的造型基础和对客观物象结构的理解与掌握，将所要刻画对象的造型和结构关系烂熟于心是速写表现的前提，然后必须经过大量的实践练习，有"量"的积累就会引起"质"的变化，并于长期的训练中逐渐形成具有风格化的表现。速写的训练可以采取循序渐进的方法，逐渐缩短作画时间，其间穿插动态速写，采取临摹和写生相结合的办法，与素描训练结合起来。

速写的突出特点首先体现在"速"上，要求作画者具有敏锐的观察、瞬时捕捉形象的能力，并在短暂的作画时间里表现对象的形态、动势、突出特征及自我感受。这种能力并非一朝一夕能够拥有的，需要经过长时间的训练，俗话说"台上一分钟，台下十年功"就是这个道理；其次，速写表现的是对客观物象的第一感受，画面具有生动、简洁、凝练、概括的特点，这是其他作画形式所不能达到的，要求形和意在瞬时达到完美的统一；再次，速写表现的过程感性认识和体现多于理性，对客观物象的第一感受是速写所追求的，速写时间的要求不允许作画者多想或做出更多的理性分析，而是要求把对物象的最初感受表达出来，理性的分析是在速写以外的功课；最后，长期的速写训练不仅能强化造型的意识还有助于激发和拓展设计构想和审美能力。

【课内实验】

利用十分钟左右的时间进行一次速写写生训练，体会短时间内如何捕捉形象，训练观察力和概括力。

速写的表现形式有很多，最常用的形式以线条造型为主。速写中对客观物象的表现可以说是素描和线描的有机结合和延伸，理念、观念和方法在这里得到统一。速写中最具表现力的线条可以归纳为造型服务的造型类线条和抒发感情的情感类线条，很多线条是作画者瞬间情感的真实流露。速写的表现可以配合一些由短碎线条组成的小色调对一些部位进行强调和渲染。在速写表现的过程中，有的人喜欢像画素描一样先起大稿再一步步深入刻画，这种画法无可厚非，对于初学者也适用，但是速写的表现更加适合的是从某一局部入手的画法，抓住对象的特征，层层推进；当然这种画法要求作画者有娴熟的技巧和纵览全局的能力，而并非只是陷在局部里难以自拔，这样的速写才能够直抒胸臆，表达也更加直白而又畅快淋漓。一幅速写作品中，线条在整个画面的分布情况，线条和线条之间的组织和穿插关系共同组成了画面中局部和整体的节奏和韵律，体现线条的多种审美感受，因此要组织、布局好画面的线条，线条忌散、碎、浮、乱(图2.11～图2.15)。

图 2.11 学徒工　门采尔[德]

图 2.12 青年男子　荷加斯[英]

图 2.13　田野　梵高[荷兰]

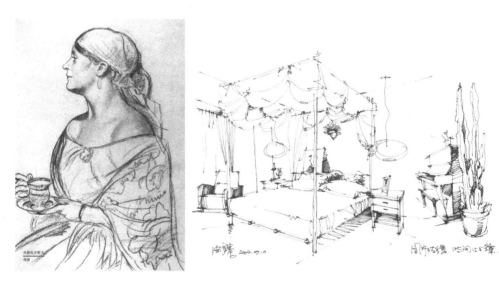

图 2.14　女佣人　库斯托齐耶夫[俄]　　　图 2.15　室内速写　张海涛

2.4　调子素描

调子素描是依托光线对客观物象产生的影响，主要利用以线条密集排列产生的"调子"立体地来表现物象的一种素描表现形式。早在西方文艺复兴时期，调子素描就已经确立并广泛发展。调子素描强调光线在物象上产生的明暗变化，着重于表现由物象的体积结构关系在光线作用下产生的黑、白、灰效果以及空间、结构关系，这些黑、白、灰效果都是通过"调子"深浅效果来体现，也被称为素描的"三要素"。因此，光线对调子素描有着决定性作用。

对于产生在物象上的明暗效果我们可以这样来观察和理解。

(1) 产生在物象上的明暗关系以及明暗关系的强弱程度与光源的强弱程度有着直接的关系，没有光源的存在也就没有物象的明暗关系。在相同背景条件下，光源越强，产生的明暗关系越明显，对比也越强烈；反之，光源越弱，明暗关系的差别越弱，关系也越加微妙。

(2) 明暗关系和物象本身的固有色也有一定关系。物象的固有色明度越高，明暗关系越明显，容易分辨；固有色明度越低，明暗关系越难分辨。这就是为什么在素描基础训练时选用石膏制品进行训练的原因，白色的石膏制品在光线的作用下可以呈现出清晰的明暗效果，有利于进行研究、分析和探索。

(3) 光线是沿着直线传播的，光线作用在客观物象上产生的明暗变化和客观物象本身的结构关系有着密切的联系。相同的光线作用在球体和方体上，产生的明暗变化是不同的，最明显的体现在明暗交界线的形状上。球体的明暗交界线是弧形的，而方体则是直线形的。客观物象本身的形体结构越复杂、转折面越多，在光线作用下产生的明暗关系越复杂，因此在分析明暗关系时必须密切联系物象本身的形体结构关系，并结合光线的作用。

(4) 在调子素描中的"三大面"、"五大调子"。"三大面"既光线在物象表面产生的亮面、中间过渡面和暗面三个层次，这三个大面的概括涵盖了大多数光线作用下的物象产生的明暗关系。"五大调子"将会在本书第 4 章中详细描述。受光面是直接接受光源照射的部分，和光源的传播方向成 90°的表面部分就是通常说的高光面；灰面部分是中间面，也叫顺光面，介于明暗之间；明暗交界线部分是物象转折最激烈的地方，也是最重要的部分，是亮部和暗部的交界；暗面部分是背光的部分，这部分不和光源光线接触；反光部分是包含在暗面里面的，受周围物象反射光线的影响投在暗面上的部分，这部分处理得当对整个暗面的空间感和立体感有很大的帮助。

调子素描也被称为"全因素素描"，是一种写实型的素描形式，之所以这样称呼是因为调子素描基本上是要求作画者了解和表现能够导致画面产生变化的各种因素，因此能够训练我们多方面的能力。首先是造型能力，调子素描是以写实性为主的，因此对造型的要求非常高；第二是把握形体结构关系的能力，在研究和对比不同明度调子的时候就要求首先研究物象的形体结构关系；第三是分析光线和光影变化的能力，通过研究光线可以帮助我们更清晰地理解调子的明暗变化；第四是对比和处理明暗关系的能力，在调子素描中会出现大量的调子，这些调子共同存在于同一画面中，就要求我们在经过理性对比后处理好各种明暗关系；第五是用调子塑造客观物象的能力，在传统的调子素描中表现物象的手段就是排列线条组成的"面"，甚至不允许在画面中出现明显的"线"，因此必须学会使用调子来表现物象；第六是处理空间关系的能力，调子素描需要表现立体的物象、立体的空间，这是调子素描表现的重点目标之一；第七是处理好各种透视关系的能力，处理透视关系就是要处理好画面的视觉空间关系，使这种在二维空间上出现的三维视觉关系基本和实际的空间关系一致；第八是综合调整画面的能力等。

调子素描在构图上总的原则是在变化中求统一，物象在画面的位置要求符合画面的总体要求和统一布局，重点突出主体要表现的物象，整体画面均衡，视觉感觉舒适(图 2.16～图 2.24)。

图 2.16　静物　学生作品

图 2.17　男子肖像　亚罗申柯[俄]

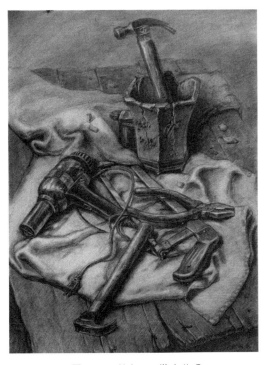

图 2.18　静物　学生作品

图 2.19 室内表现　学生作品　　　　图 2.20　青年女子　安格尔[法]

图 2.21　民居写生(一)　李昂

图 2.22 民居写生(二)　李昂

图 2.23 河南林县石板岩村民居写生(一)　陈渐

图 2.24　河南林县石板岩村民居写生(二)　　陈渐

【课内实验】

摆放几组简单的静物，进行构图练习。

2.5 结构素描

结构素描，又被称为"形体素描"，是以表现物象的形体结构为主的素描表现形式，结构素描基本上舍弃了光线对物象的影响，因此光影变化在结构素描中基本被舍弃，在结构素描中调子只是起到简单的辅助作用，用来辅助表现形体结构关系和一些转折变化。结构素描不像调子素描确立的比较早，直到 20 世纪初，结构素描才在德国包豪斯学校被提出并逐渐普及到设计领域的教学实践中。在我国，结构素描直到 20 世纪 90 年代才在美术学院的素描教学中被引入和普及。结构素描表现的目的和调子素描相比更加纯粹和直接，就是要直观地剖析和表现客观物象本身的结构关系，表现的物象是否立体不重要，光影变化表现的是否充分也不重要。

结构素描的观察方法和调子素描也有一定区别，在观察物象的过程中，把物象看成是"透明体"，做到"透过现象看本质"，看不到的部分也要观察到、分析到继而表现到；透视原理要贯穿始终，依照透视法则把一些复杂的结构关系和透视关系归纳、概括为简单的几何形体关系以便深入分析物象的体积、结构关系；舍弃光线的基本作用，利用光线作用在物象上产生的明暗变化，找到物象的结构转折关系，结构穿插的来龙去脉，通过关键的结构线来表现物象，即使在光线昏暗的写生条件下，结构素描仍然可以进行。在观察物象的过程中必须注意的是，结构素描要求更加理性地观察和分析客观物象，而不能只凭感觉去表现。结构素描要舍弃很多东西同时也要求发现很多东西，在进行过调子素描训练后接触结构素描，往往会在思维和意识上以及对物象的理解上产生一些抵触和不适应，要调整思维方式和观察方法，充分认识两种素描在理解、表现过程中的不同。在观察物象时要多对构成物象的要素进行比较，通过多种因素间的比较确定某些因素的准确性和合理性。

结构素描主要是依靠线条表现。虽然是线条，但是结构素描表现出来的画面并不显得单调和缺乏力量，相反的结构素描因为构成画面的每一根线条都是"卡"在物象的结构关系上，因此表现出来的物象反而更具体积感和量感，由于舍弃了光线的影响，物象的形态结构关系更加明确。结构素描要求作画者理解客观物象的结构关系以及物象存在的三维空间，强化对物象三维空间的理解和认识，甚至有些时候要加入适当的想像。结构素描要求强化对物象构成形态的表现，物象主体的结构构成就显得非常重要了。结构的构成、形态的构成、空间的构成、线条的构成等构成要素组成了结构素描画面强烈的视觉构成因素。

结构素描的训练对于设计者来讲具有非常重要的作用，它能够在训练中强化空间意识，培养深入的造型能力，对客观物象的形态结构关系的理解，空间想象能力和表现能力，以及设计性思维和想象力(图2.25～图2.28)。

图2.25　瓶子　学生作品

图 2.26 静物 学生作品

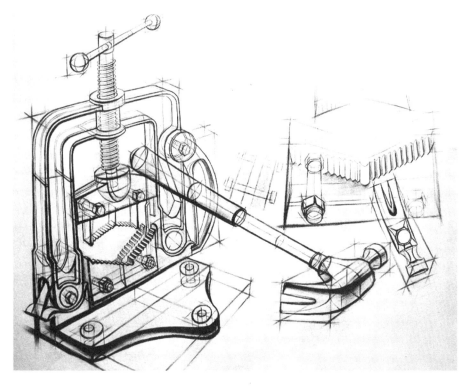

图 2.27 静物 学生作品

图 2.28　瓶子　学生作品

尽管素描的表现手法多种多样，只要多加训练，还是能较快入门的。一张好的素描作品应该达到心灵与意境一致，手法与内容统一。

本章小结

本章主要讲述了素描的功能与分类，比较常用的表现形式是速写和结构素描。学习本章内容时，应该把全书的内容统一起来看，练好基本功才能具备较高的表现能力，并为以后的专业学习打好基础。

综合实训

1. 临摹或写生 2～3 幅调子素描作业，纸张不小于 4 开，以造型能力的培养和处理明暗关系为主要训练点。

实训目标：

了解调子素描，掌握调子素描的基本表现方法。

实训要求：

(1) 构图完整，符合构图要求，画面均衡。

(2) 物象造型准确。

(3) 掌握光源对物象产生的明暗调子的处理。

(4) 利用调子塑造形体。

(5) 处理好空间关系。

2．临摹或者写生 2～3 幅结构素描作业，强化训练线条的表现作用和对物象形态结构的表现。

实训目标：

了解结构素描，掌握结构素描的基本表现方法。

实训要求：

(1) 构图饱满，符合构图要求。

(2) 利用线条表现物象。

(3) 充分表现出物象的形态结构特征。

(4) 表现物象的体积、空间关系。

(5) 画面线条处理得当。

3．临摹或写生 2～3 幅线描作品，理解线条的表现作用。

4．临摹或写生 3～5 幅速写作品，体会线条的独特表现力。

第3章 素描基础

教学目标

通过本章学习,应对设计素描基础知识有所认识,学习到设计素描中基本元素的应用特点和情感特性,对素描中明暗光影、结构、空间、形式美法则等的表现进行分析与研究。建立与专业设计相联系的思维方式与表现能力,培养学生良好的素材运用能力、较强的审美能力。

教学要求

能力目标	知识要点	相关知识	权重
理解能力	素描的基本形式、比例与尺度符合视觉美的规律	造型元素及形体结构	25%
表现能力	物体表面形态的关系、黑白灰表现层次与空间的关系、物体的空间想像	素描的明暗、节奏、层次、空间及透视法则	45%
审美能力	物体空间形式美的表现及形式美原理	形式美法则	30%

引例

引例图　俄罗斯街景　列宾美术学院学生作品

  这张图是用哪几种工具绘制的？主要有几种透视方法？通过本章的学习希望每位同学能从中得到自己的答案。（教师可以针对本图对学生提出指导性建议，也可以选择其他具有代表性的图片，引导学生掌握基本绘画技法和理论知识。）

  素描是视觉艺术的基础。达·芬奇说："素描如此卓越，它不但研究自然作品，而且研究无限多自然生产的东西。"安格尔说："除了色彩，素描是包罗万象的。"对于刚刚步入艺术学科的学生来说，素描学习要了解什么呢？怎么才能具有技术上、技巧上的功力呢？如何培养自己的观察能力和审美能力？这都是本章要解决的问题。

3.1 材料与工具

素描工具材料对素描而言，只是一种手段，所有能留下痕迹的工具都可以成为素描的工具。所以在材料选择上，不必过于拘泥，只要能符合素描学习的要求与效果，任何材料皆可以用运，以画笔为例有铅笔、碳铅笔、木炭条、炭精条、钢笔、毛笔、粉笔、圆珠笔、麦克笔等。现将素描的常规工具给大家做简单的介绍。

1. 笔

铅笔笔芯由石墨制作，颜色近似金属铅的颜色，故称为铅笔。铅笔分为软硬两种，H 表示硬，B 表示软，HB 为中界线。其中 H～6H 为硬铅，数字越大，硬度越强，颜色也越淡，大多数用于精密的设计等专业使用；B～8B 为软铅，数字越大，软度越大，颜色越重，我们称为绘画铅笔。铅笔表现力强，明暗层次丰富，易于修改，在素描绘画中广泛被使用。初学绘画时一般多选用 HB～6B 几种类型。4B～6B 常常用来画暗部和画面上最暗的地方；B～3B 一般用来画灰调子；HB 画亮部。我们在画线条上明暗时，不能光靠各种不同浓淡的铅笔来描绘，还要靠手上的轻、重、缓、急和用笔变化画出虚实、浓淡、强弱不同的线条和明暗色块来表现素描造型的色调、质感、量感、空间感。

炭铅笔是以炭精作笔芯的木杆笔，质地松脆，笔色黑浓，能画出较深的调子，较多的明暗层次，黑白对比强没有反光，但附着力稍差，与纸的摩擦力大，不宜于涂改，其用法同铅笔相似。也是素描绘画的常用工具。

木炭条多以柳树、樱桃等新枝烧制而成，也可用天然的细柳条自行烧制而成。在选择木炭条时以质地匀细、平直节少、烧透、松软为宜，以笔黑色为佳。木炭条也有粗细软硬之分，可依个人需要多加尝试。

木炭条能快速且大面积的涂抹、擦抹，适合大画面整体明暗的调整。它是表现人体的常用工具。不过因炭粉的附着力较差，完成品必须及时喷上一层固定喷胶，否则炭色极易混浊脱落，破坏绘画效果。

炭精条是由炭粉加胶合剂混制而成，附着力较强，较不易修改。有黑色、褐色、赭石色几种，形状有方条、圆条。不像木炭条那样松脆，表现力比较强，可以进行细致刻画又可大片涂抹，所以使用广泛。挑选要以不脆不硬为度，软而无砂称上品。

钢笔类型包括针管笔、折尖钢笔和普通钢笔等。钢笔除了是我们常用的书写工具外，也是较好的素描绘画工具。用钢笔来画建筑素描，可达到细致、流畅、刚健有力的画面效果，而工具简单、效果明朗，适宜于保存、印刷，是建筑素描最好的选择。(图 3.1～图 3.3)

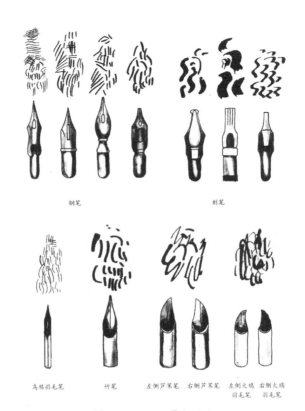

图 3.1 绘画工具与线条

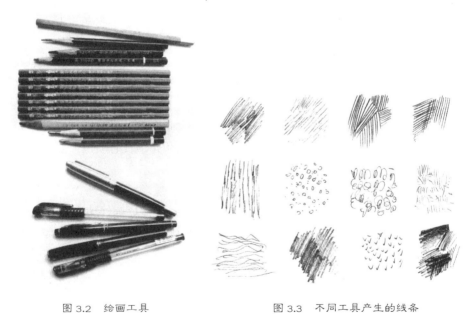

图 3.2 绘画工具　　　图 3.3 不同工具产生的线条

2. 纸

画纸的种类很多,有素描纸、水彩纸、水粉纸、新闻纸、宣纸、卡纸等。在素描绘画时最好选用素描专用纸,因其质地坚实,带有一定的韧性,便于反复擦拭修改和长期刻画，纸面机理稍带粗糙，有利于铅粉的附着。也可根据绘画用笔来选择绘画用纸。铅笔素描纸纹不宜太粗，可选用纸面平整、有细小均匀纹理的白色画纸。炭笔素描纸表面不能太光滑，要以质地坚实，表面有一定机理的纸为首选，如水彩纸、白报纸、有色纸等，对炭粉有较好的附着力。

3. 橡皮

橡皮的种类繁多，形状和色彩各异，从材质上分有塑料、橡胶等。橡皮一般只要能够擦净笔迹又不损坏纸面均可使用。使用时最好同一方向轻擦、轻吸，也可根据需要采用提、拉、点等方法。在素描绘画过程中，除了具有修改错误的功能外也能调整画面调子的明暗对比强度，当我们觉得某一处色调太暗，需要增加亮度时，可以用橡皮减色，以达到满意的对比效果。可塑橡皮是一种绘画专用软橡皮，能够随意捏揉，较容易地修改画面色调层次，不会破坏画的纸性。使用木炭条作画时也可将干冷馒头心、面包心当做橡皮来用。

4. 画板和画夹

画板和画夹都有不同的型号，大小可随自己的画幅而定。画板一般是木制，两面贴胶合板，便于固定图钉，分大小不同规格。素描用板没有太大要求，只要表面平整，宜于拿握即可。画板比较坚固耐用，以光滑无缝的最好，画夹则方便携带，是外出写生的好帮手。

5. 画架

画架的材料和样式很多，有木质的，也有金属的，是为放画板而用。设置画架的目的是为了在写生过程中固定画板，保持一定的倾斜角度。放画板以近垂直固定为宜。否则会因画板的透视变化使画面形象变形。画板放置过高或过低也会产生同样的透视问题。只要能满足这一功能要求，当然也可用其他方式来放置画架，比如利用腿部或椅子等。

6. 定画液

定画液主要由松脂混合酒精及其他溶剂制成，也可用白乳胶加水自制。它除了能固定画面之上的铅粉、炭屑外还可保护纸面使之不易受到污染。喷洒时距画面适当距离，均匀喷洒，不可浓淡不均。木炭作品炭粉容易掉落，可喷洒一层，待干后再喷上一层。切勿急躁，如果喷洒过量，会导致炭粉流失，炭色模糊。

3.2 素描的语汇

3.2.1 造型元素——点、线、面的初步认识

点、线、面是设计素描造型的基本元素。在设计素描造型中，点是最小的视觉

单位的造型元素，一切线与面均由点发展而来。在造型艺术体系中，"无点不成线，无线不成面，无面不成体"精确地概括了点、线、面、体相辅相成、缺一不可的关系。点是线的基础，线是面的基础，面是体的基础。无数的点和无数的线能连接成千变万化的面。

1. 点

点表示位置，它既无长度、宽度，也无厚度，是形体塑造的标记，对于造型有着特定的数量意义，是设计素描最小的视觉元素，是构成一切形态的基础。点本身具有一定的张力，无方向性。在艺术设计中，点作为造型要素之一，起到非常重要的作用，它运用灵活，可疏可密。应用到建筑素描绘画中时，可常常用不同形式的点来表现较亮的部位，画面给人以清新、细腻，耐人寻味。艺术表现上常被喻为精华之处，起到"画龙点睛"、"万绿丛中一点红"的作用。点的形态不同，有方有圆，也有各种不规则点等，而圆形点却是点的最理想形状。

【特别提示】

点在设计基础中的运用，如以规则的间距排列，就会产生整齐、秩序的设计效果。

2. 线

点的定向移动成线。线条是点运动的延续，是起点和终点的连接。在几何学定义中，线只有位置、长度，而不具备宽度和厚度，在艺术设计中则具有丰富的表现力，具有长度、宽度和一定的厚度，线是一切造型艺术的主要表现手段之一，无论是东方还是西方对线的研究都有较长的历史，在我国古代绘画中，就有用线之"十八描"的国画理论。西方艺术大师安格尔也是以线造型，并达到了登峰造极的水平(图3.4～图3.6)。

图3.4 男青年肖像　安格尔[法]

图3.5 妇人肖像　安格尔[法]

图 3.6　苗家吊脚楼　辛克靖

【知识链接】

安格尔(1780—1867)，法国古典主义画派最后的代表。他曾经向杜尔兹学习绘画。17岁时到巴黎，投入达维特门下。当时，达维特正担任拿破仑的首席画师。安格尔极受达维特的喜爱，达维特曾为他画过一幅肖像，那微微皱起的眉毛下，有着一双认真思考的眼睛。1806年，安格尔赴意大利，1824年回到巴黎。后来，1834—1841年，他再度赴罗马，深刻地研究了文艺复兴时期意大利古典大师们的作品，尤其推崇拉斐尔。经过达维特和意大利古典传统的教育，安格尔对古典法则的理解更为深刻。

作为19世纪新古典主义的代表，安格尔并不是生硬地照搬古代大师的样式，他善于把握古典艺术的造型美，把这种古典美融化在自然之中。他从古典美中得到一种简练而单纯的风格，始终以温克尔曼的"静穆的伟大，崇高的单纯"作为自己的原则。在具体技巧上，"务求线条干净和造型平整"(文社里语，见《西欧近代画家》一书)。因而差不多每一幅画都力求做到构图严谨、色彩单纯、形象典雅，这些特点尤其突出地体现在他的一系列表现人体美的绘画作品中，如《泉》、《大宫女》(图3.7、图3.8)、《瓦平松的浴女》、《土耳其浴室》等。

在设计素描中线的应用主要分为辅助线和轮廓线两种。辅助线是指在形体塑造的过程中所借助的假设线。这些线，有助于我们把握形体的动势和形体的整体特征，有利于我们表现形体时能做到从整体到局部有序的进行。轮廓线反映的是形体转折部分。在绘画过程中，轮廓线的表现要求由直线到曲线，有外轮廓到内轮廓，从而形成物体的立体框架。

图 3.7 泉　安格尔[法]　　　　图 3.8 大宫女　安格尔[法]

设计素描在造型中，常运用曲直、粗细、浓淡、软硬、虚实以及断断续续的或零乱的线条来表现物象的形体结构、质量感、运动感等(如图 3.9、图 3.10、图 3.11 所示)。

图 3.9 陕北农家　李全民

线的虚实、浓淡、粗细的灵活运用使画面生动

图 3.10　黔城古镇　　张举毅

流畅的线条、黑白的对比使画面简洁明快

图 3.11　沱江畔的木楼　　王玉良

3. 面

　　面是由点的聚集或线条的密布所构成的有长度与宽度的平面形。在造型过程中，面可分为两类：直面与曲面。直面是立方体一般以正面、侧面、顶(底)三个面在画面上的呈现。曲面是球体借助于光线，在画面上一般是以亮面、暗面、明暗交界线(面)、反光面和投影组合而成。任何一种复杂的形体，都可以由立方体、球体的体面关系去理解和分析。

【特别提示】

在设计素描教学实践过程中，要辩证地运用三者的相互关系。点、线、面的组合是建筑设计艺术最佳范例，它使建筑的结构变化极为丰富，任何一个建筑无不与之紧紧相连，点、线、面、体也为人们提供了创造性思维的广阔天地。如图 3.12、图 3.13 所示。

图 3.12　西塘民居　　赵华

图 3.13　入口　　胡久安

3.2.2　比例与尺度

比例是形式美的主要构成规律之一。所谓比例是指物体间或物体各部分的大小、长短、高低、多少、窄宽、厚薄、面积等诸方面的比较。比例是"关系的规律"，凡是处于正常状态的物体，各部分的比例关系都是合乎常规的。或者说比例要恰当也就是要匀称。匀称的比例关系，就会使物体的形象具有严整、和谐的美。反之，则会出现严重的比例失调形成畸形。在古代画论中就有对各种景物之间和人体结构以及人体面部结构的匀称比例关系的认识和概括如"丈山尺树，寸马分人"，人物画中有"立七、坐五、盘三半"，画人的面部有"五配三匀"之说等。在美学中，最经典的比例分配莫过于"黄金分割"了。

【特别提示】

比例是物与人或其他易识别的不变要素之间相比，不需涉及具体尺寸，完全凭感觉、视觉上的印象来把握，如图 3.14 所示。

尺度也叫"度",指事物的量和质统一的界限,一般以量来体现质的标准。形式美的尺度指同一事物形式中整体与部分、部分与部分之间的大小、粗细、高低等因素恰如其分的比例关系。一事物各部分或整体与部分之间的比例不符合一定的尺度,就显得不和谐,使人感到不美。例如,一个人肩膀高低不一、眼睛一大一小,一座建筑物规模巨大而门窗又少又小等都会破坏整体的和谐美。匀称和黄金分割等就是重要的形式美尺度,如图3.15所示。

图3.14 瘦西湖白塔 杨义辉

图3.15 卢浮宫 邱立刚

【特别提示】

比例与尺度的应用技巧:比例是理性的、具体的,尺度是感性的、抽象的。人站在一个建筑面前或行进在其中时,或感觉到建筑物的宏伟壮观,或亲切宜人,起决定性的因素的就是建筑的尺度。外观的赏心悦目就取决于建筑物的各部分的比例。高与宽的比例,窗与墙(虚与实)的比例。这些都是一个建筑是否美观的决定因素,如图3.16所示。

图3.16 豫园快楼 马谨

3.2.3 形体结构

形体结构是客观存在的真实物象，在设计素描中是利用点、线、面的组合所塑造出来的形体的状态，是艺术家表达情感和发挥艺术想象力的载体，是认识客观物象和掌握造型能力的最基本也是最关键的课题之一。形体结构这一概念，包含有"形体"与"结构"两个方面。

所谓"形体"，是指客观物象存在的外在形态，是体现物体存在于空间中的立体性质的造型因素，是素描造型基本依据。在造型艺术范畴中形体，包括形、体两个含义。"形"即形状，是客观对象的形象特征，是我们通过视觉感知对物体留下的最初印象。它限制着物体存在的外部特征，并具有一定的比例关系，如电视机是方形的，球是圆形的等，在创作时我们可以按照基本的平面形和组合形去分析它们的形的特征。"体"是指对象的"体积"。是客观存在的物体对三维空间的占有状态，其基础要素是点、线、面。是物体在形的范围内点线面的集合。则形、体结合在一起，组合成占据空间的物质实体，并具有高度、宽度、深度三个向度上的变化凡是存在于世界的物体，必定有一定的体，要求所描绘的物体不仅要有横向的长度，竖向的长度，而且要有纵深方向的长度，我们画物体时，要由点、线、面构成物体的立体感表现在画面上，体积占有长度，宽度，深度三个方面的空间。

结构本是建筑学中的术语，是"组合、连接"的意思。设计素描中的结构是指物体的内部构造和对空间的占有方式。是物体存在的本质因素，不受客观存在的外界环境影响。在实践中，不论环境与物体的光影明暗、虚实对比等因素如何变化，都必须依附于结构而存在。

结构是设计素描造型的重要手段之一。在自然界任何物体都具有特定的结构特征。例如：建房子，首先要架起建筑的骨架，而这个骨架的结构以及连接的方式是决定这个房子外部造型的特征。这说明了任何对象都具有内部结构和外部形体，内部结构决定外部形体，两者紧密相关。物体的外部形态与内部结构是互相依存、互相制约的两个方面。物体的外部形态即形体特征，取决于它的内部结构；物体的内部结构最终将通过其外部形态呈现出来，如图1.38所示。

【特别提示】

形体与结构是紧密联系在一起的整体。通过对不同组合类型的形体结构进行联系分析，有助于加强对复杂形体结构的理解能力，摆脱光影明暗对形体结果造成的干扰影响，拓展对空间与形体联系的想象力，如图3.17、图3.18所示。

图 3.17　门罩　何伟

图 3.18　豫园街景　何伟

3.2.4　光影与明暗、节奏

　　光影是帮助我们感知空间的重要媒介。物体的形象在光影的作用下，产生明暗现象，有光就有影，有明就有暗。在光影空间里，明暗是光线照射下的物体结构的反映，物体的外部结构决定了物体的明暗变化，不论光线怎样变动，物体的形状和质地是不变的，光线能极大地影响形体的明暗配置，支配了物体给予人们的形状感受和质地的肌理效果。

我们之所以可以看到时间万物，除了有我们的眼睛外，还要有阳光(自然光)和灯光(人造光)。物体的明暗色调变化还取决于阳光的照射角度不同，光源与物体的距离不同，物体的质地不同，物体表面的倾斜方向不同，光源的性质不同，物体与画者的距离不同等，都会产生明暗色调的不同感觉。在学习素描中，掌握物体明暗调子的基本规律是非常重要的(图 3.19、图 3.20)。

图 3.19　民居　王克良　　　　　　　图 3.20　周庄　杨义辉

自然界中明暗深浅层次的色阶是极其丰富而复杂的，然而，艺术不等于生活，它要高于生活，要概括生活的本质。因此，明暗层次不能，也不应该像面镜子似的全部反映出物体来。而必须将生活中千变万化的明暗层次进行"提炼"、"概括"。用有限的色阶来表现无限的层次，它归纳为"三面五调"。(见本书第 4 章图 4.10)其明暗变化的规律是"受光部即亮面；背光部即暗面；受光部与背光部之间即灰面；暗面由于环境的影响出现了反光；灰面与暗面交界的地方，它既不受光源的照射，又不受反光的影响，因此出现了一条最暗的面，即明暗交界线"。此外，还有投影。在素描学习中必须在画面中树立调子的整体感，即画面的黑、白、灰的关系，运用好这几个调子来统一画面，表现画面的形体特征、体积空间、质感量感等(见第 4 章 4.1.2 中 2.明暗调子的原理及表现)。

【特别提示】

要注意光影的明暗层次及构图中的空间节奏与韵律。

3.2.5 层次与空间

在素描中,层次是利用画面中黑白灰关系来表现的,从而树立整体感,如果画面缺少了黑成分,它将苍白无味,淡然失色,同时加以白色使黑白相互反衬,画面才会产生强烈的艺术感染力。此外,灰也是连接黑与白的媒介。

空间即物质形态存在的形式。在素描表现中精确具体地表现深度,着重研究固定光源下物象显现出的不同深浅色调和虚实影像,加强物体三维空间效果,给人一种身临其境的真实感受。空间的表现.在造型艺术中已得到广泛的探讨和运用。

一张素描,只有丰富的层次缺少空间感也不能算是一张好的素描。层次与空间是相辅相成的可利用层次去表现空间感,也可以利用空间来增强层次关系。层次和空间是素描构成的重要因素,一定要认真地对待,严格地训练。素描的空间表现如图3.21、图3.22。

图 3.21　老梧桐树　王克良　　　　图 3.22　孔庙前的冬日　杨义辉

3.2.6 透视法则

设计透视图,是把建筑物或环境平面、立面或室内的展开图,根据设计图资料画成的一幅画面,将三维空间的形体,转换成具有立体感的二维空间画面的绘图技法,并能真实地再现设计师的意图。

设计透视图在建筑、室内设计的效果图中,所表现的空间必须确切,因为对空间的失真会给设计者和用户造成错觉,并且各相关部位出现不协调感。

透视图必须和原设计方案密切配合,掌握设计意图,这样才能充分表现设计者的构思。

1. 透视的概念

透过一层透明的平面去看对面的物体即透视。如用一个取景框放在眼睛前面选取景物或隔着车窗看外面的风景,会发现很多很好构图的画面。取景框中间是透空的，窗玻璃也是透明的，它们都是"透"的前提。

透过不动的窗玻璃去看景物，可以仔细地用笔把景物的形状描在玻璃上(眼的位置不可移动)，留在玻璃上的图形，就是窗外景物的透视图。用取景框作写生工具，景物"留"在画面上的形状和位置，原理相似，只不过是将框间物象直接画在画布或画纸上。《写生工具》中德国画家丢勒用绘画形式表现古时候人们画透视图的原始状况，如图3.23所示。

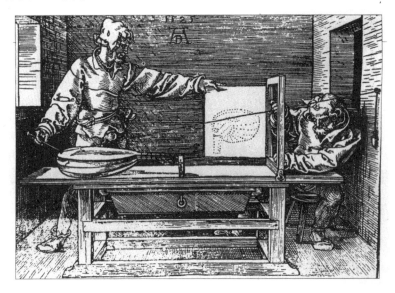

图3.23　写生工具　　丢勒[德]

2. 透视的三个构成因素

透视中有必不可少的三个要素，那就是：

眼——视觉的器官，即画者观察对象的主观条件。

物——视觉的对象，即画者所要描绘和表现的对象。

画面——此处指假设眼与物之间的透视画面，如上述的窗玻璃。它是眼在一定位置去观看被视物体形成的特定透视形，被固定下来的场所(图3.24、图3.25)。

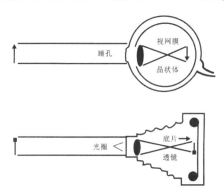

图3.24　眼睛与照相机投影成像原理

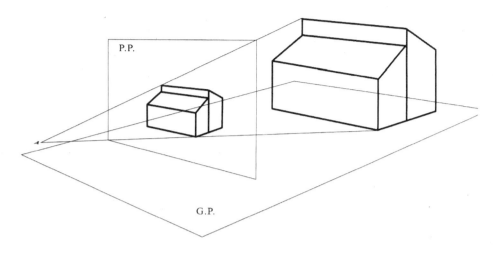

图 3.25 物体在画面上的投影成像原理

3. 常用透视术语

由于透视图的特殊性和复杂性,它的图式语言和图示方法有其自成的体系。为了使技术语言一致,将常用的透视术语对照(图 3.26)介绍如下(见表 3-1)。

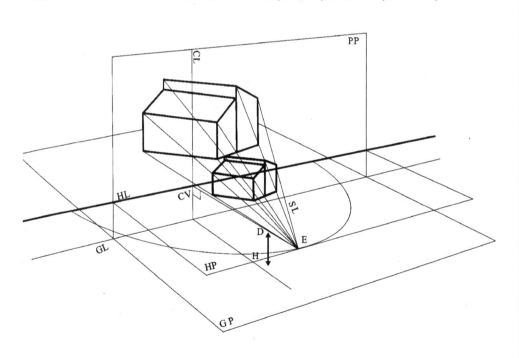

图 3.26 透视成像图

表 3-1　透视术语对照介绍

术语（名称）	对照介绍
画面(PP)	画面(PP)，是指假设与地面相垂直的一透明平面
地面(GP)	地面(GP)，又称"基面"，是指建筑物所在的水平面(即地平面)
地平线(GL)	地平线(GL)，又称"基线"，是指地面和画面的交线
视点(E)	视点(E)，是指画者眼睛的位置
视平面(HP)	视平面(HP)，是指人眼高度所在的水平面
视平线(HL)	视平线(HL)，是指视平面与画面的交线
视高(H)	视高(H)，是指视点到地面的距离
视距(D)	视距(D)又称主视线，是指视点到画面的垂直距离
视中心点(CV)	视中心点(CV)，又称"心点"、"中心灭点"，是指过视点作画面的垂线，该垂线和视平线的交点
视线(SL)	视线(SL)，是指视点和物体上各点的连线
中视线(CL)	中视线(CL)，是指在画面上过视心所作视平线的垂线
距点(X)	以视中心点为中心将视点至心点的距离相等向左右水平横移，可在视平线上心点两侧各得一点，称为距点，即视点至画面的远近位置在画面的反映
测点(M)	以消失点为圆心，以消失点至视点距离为半径画弧相交视平线上一点，用来求成角透视的进深(因消失点在画面以外无法准确表现测点位置)
余点(V)	过视点作和画面成一定角度线的水平线，相交于视平线上的一点。亦即和画面成角的线消失点(在画面以外)
天点、地点	和地面成一定角度的线在透视图上的消失点。近高远低消失于地点，近低远高消失于天点

4. 设计透视的特点

当今的设计透视与传统意义上的绘画透视相比，主要具有以下几个特点。

1) 满足建筑设计与室内设计的需要

设计透视绘画是建筑设计、室内设计人员用来表达建筑设计、室内设计意图和效果的应用性绘画，它具有很强的专业性。

2) 相对严谨的科学性与程式化归纳

设计表现图要求把真实性放在首要位置，不要求表现过多的情感，要十分注意表现技法的科学性。表现者要掌握透视、明暗、色彩和构图等方面的知识。

3) 图像的准确性与较高标准的真实性

设计透视图为了准确，尽量使用仪器，要求在画面表现的构图和形式上刻意求工、不忌刻板。

5. 设计透视的功能

设计透视能清晰、准确地表达设计的意图和效果，是直观、真实、生动、形象和艺术地表达从创意到图形的设计构思与设计实践的升华。它超越建筑工程制图、建筑模型和文字说明本身的局限,具有独特的审美价值和重要功能。

1) 表达设计构思

弥补文字说明所有的局限。

2) 推敲设计方案

方案构思基本完成后,要经过具体造型效果的推敲,甚至还要在同一方案的基础上用快速的色彩表现手法画出不同的造型效果图。对于较重要的方案,还要请有关人员集体评判和提出改进意见。这种绘画简洁、快速,表现技巧要求相当高。

3) 表现真实效果

通过真实地表现设计主体的形象、材质、色彩、光影和氛围等,可以分析设计方案的功能效率、精神作用、环境效益、设计技巧和风格,以及时代性、艺术性和经济性等效果。在设计招标、投标时,设计效果图是必不可少的。对投标单位能否中标具有举足轻重的作用。

4) 收集设计资料

利用透视绘画中的速写技法,通过草图速写,能够收集建筑资料,进行有关知识的积累,从而为将来的专业设计奠定基础。

6. 透视基本知识

1) 透视的类型

(1) 平行透视,又称"一点透视",是指立方体的两组线,一组平行于画面,另一组垂直于画面,它们聚集于一个消失点。表现范围广、纵深感强,但比较呆板 (图3.27)。

图 3.27 一点透视

(2) 成角透视,又称"二点透视",是指立方体有一组线与画面平行,其他两组线均与画面成一定角度,而每组有一个消失点,共有两个消失点。图面效果比较自由、活泼,能够比较真实地反映空间,但容易产生变形(图3.28)。

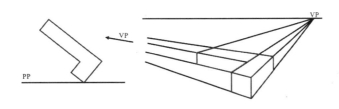

图 3.28 两点透视

(3) 斜角透视，又称"三点透视"，是指物体的三组线均与画面成一角度，三组线消失于三个消失点。三点透视多用于高层建筑透视(图3.29)。

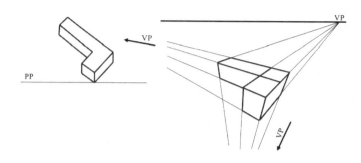

图 3.29　三点透视

2) 透视角度

用两个消失点 V_1、V_2 的距离作直径画圆，越近于圆中心的，看得越自然，越远的越不自然，离开圆形，位于外侧的，使人看不出它是正方形和正六面体。平行透视法尽量限定对象，并设定其接近于 CV。成角透视法，要把对象纳入 V_1、V_2 的内侧来画，若要脱离这种规则，需要作若干的调整(图3.30)。

图 3.30　透视变形示意图

3) 视角

在画透视图时，人的视域可假设为以视点 E 为顶点的圆锥体，它和画面垂直相交，其交线是以 CV 为圆心的圆，圆锥顶角的水平、垂直角为 60 度，在这正常视域内作的圆，不会失真。平面图上，视角为 60 度范围以内的立方体，透视形象真实；在此范围以外的立方体失真变形(图 3.31、图 3.32)。

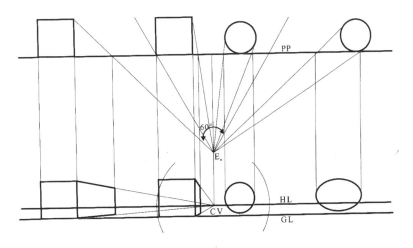

图 3.31 视角对失真的影响

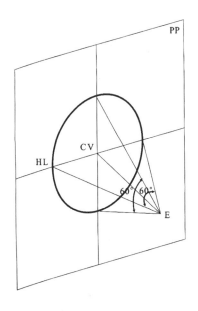

图 3.32 正常视域

4) 视距

描绘对象与画面的位置不变，视高已定，在室内一点透视图中，当视距近时，透视变化大，当视距远时，透视变化小。在立方体的成角透视中，当视距近时，两消失点 V 之间距离较小；当视距远时，消失点之间距离较大。即视距越近，立方体的两垂直面缩短越多，透视角度越小(图 3.33、图 3.34)。

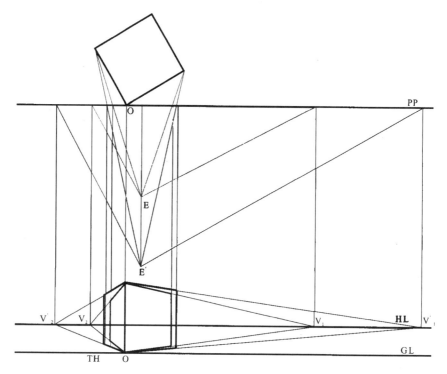

图 3.33 视距对透视角度的影响

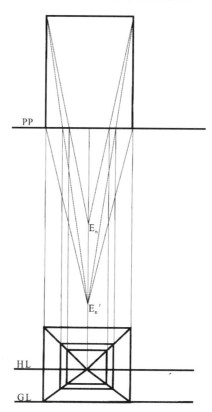

图 3.34 透视对透视变化(深度)的影响

5) 视高

描绘对象、画面、视距不变，视点的高低变化使透视图形变为仰视图、平视图和俯视图(鸟瞰图)，其视高的选择直接影响到透视图的表现形式与效果。上为仰视图，中为平视图，下为俯视图(鸟瞰图) (图 3.35)。

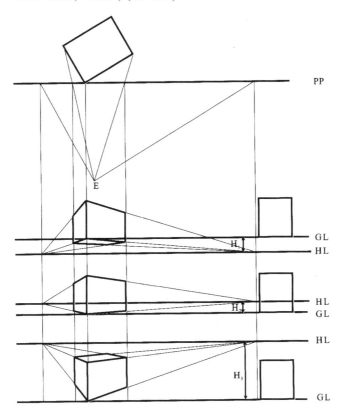

图 3.35 视高影响透视形式

6) 透视图形的角度

画面、视点位置不变，立方体绕着它和画面相交的一垂边旋转不同的角度而形成不同的透视图形。立方体的一垂面和画面平行，透视只有一个消失点，在画面上面的透视为突形；立方体的垂面和画面倾斜，透视图有两个消失点。若垂面和画面交角较小，则透视变化平缓；交角较大，则透视变化明显(图 3.36)。

7. 透视画法

1) 视点法平行透视室内作图分析

图 3.37 为平行室内家具布置图，以及画面 PP，视点 E、视平线 HL、基线 GL 所在的位置。视平线 HL、基线 GL、画面线 PL 相互平行，画幅的宽度为平面图的宽度。

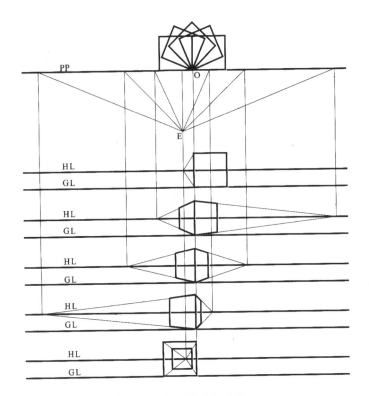

图 3.36 图形角度影响透视

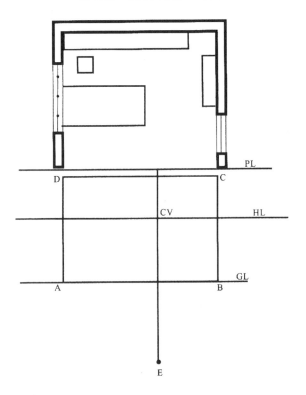

图 3.37 平面图与画面的关系

具体的步骤如下。

步骤一：①先从平行室内画幅的角四点引直线分别向心点 CV 消失；②从室内的平面图 T 点处与视点 E 相连，交画面线 PL 得 t 点，再从 t 点向下引垂线交 ACV、DCV 得 T_1、t_1，通过 T_1、t_1 点再作水平引线、相交于 BCV 于 M，过 M 作垂直线，完成平行房屋室内深度透视；③从立面图中量取门和窗所在位置的高度，并平移到透视图画幅左右两侧线上，向心点 CV 消失，即其高度的消失轨迹，然后根据平行房屋室内平面图中门、窗的具体位置，依次将 J、I、N、R 各点与视点 E 连接，分别交画面线 PL 得 . j、i、n、r 各点，再分别向下引垂线交到门窗各自相对的高度消失轨迹线上，最后完成门窗在平行房屋内的透视(图 3.38(a))。

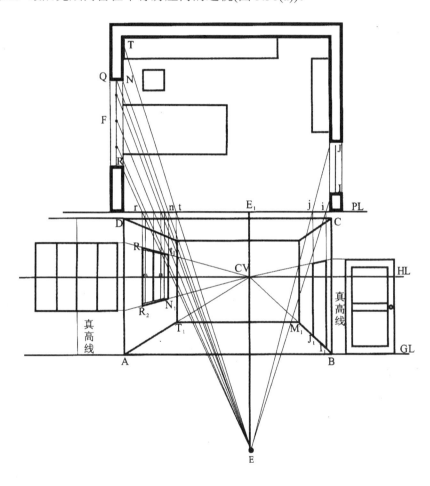

图 3.38(a)　步骤一

步骤二：①从屋内平面图中的 I 点向下引垂线交基线 GL 得 F 点，FA 即为桌子的宽度，把 F、A 点与心点 CV 连接，得到桌子宽度的消失轨迹；②从立面图中量取桌子的高度，并平移到透视图画幅左侧的真高线上，然后分别经 A、D 及水平移位到 F 点后再向心点 CV 消失，得出桌子高度的消失轨迹；③从 G、H 各点与视点 E 连接，分别交画面线 PL 得 g、h 各点，再分别从 g、h 向下引垂线交桌子的高度消失轨迹上，完成桌子在室内的平行透视(图 3.38(b))。

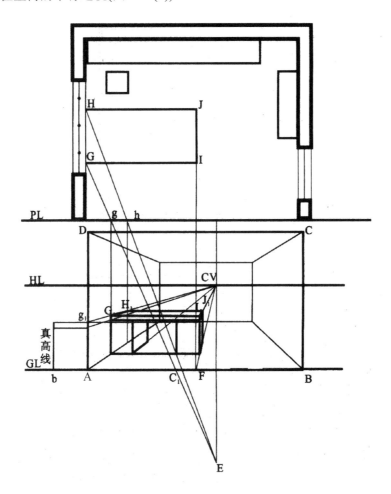

图 3.38(b)　步骤二

步骤三：①从平面图中的 G、J、K 点向下引垂线与基线 GL 相交，再自交点分别向心点 CV 消失，得出书柜、椅子宽度的底面消失轨迹；②把立面图中书柜、椅子的高度平移到透视图画幅左、右侧的真高线上，然后分别水平移位到书柜、椅子基线 GL 上的宽度轨迹点上，再向心点 CV 消失，得出书柜、椅子高度的消失轨迹；③依 G、I、J、K 各点与视点 E 连接，分别交 PL 得 g、i、j、k 各点，再分别向下引垂线交到柜子、椅子的宽度、高度消失轨迹线上，经连接最后完成书柜、椅子室内的平行透视(图 3.38(c)、图 3.38(d))。

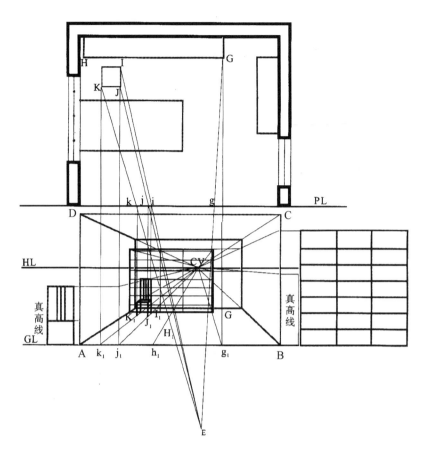

图 3.38(c) 步骤三

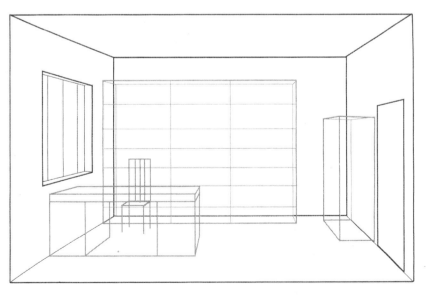

图 3.38(d) 透视图

平行透视的特点如下。

(1) 一切透视线引向心点，一切近大远小都向视平线上的心点消失。

(2) 垂直线永远垂直，有近长远短变化。与画面和地面平行的线，永远平行，也有近长远短变化。

(3) 在视中线和视平线上的正立方体能看到两个面；离开视中线和视平线上的正立方体能看到三个面；处在心点者只能看到一个面。

(4) 正立方体在视平线以下，近低远高，看不见底面；在视平线以上，近高远低，看不见顶面。

2) 视点法成角透视作图分析

(1) 视点法成角长方体的透视画法。长方体和基线相切，步骤如下。

① 根据已知长方体，在图纸上经过 A_1 点画水平线得 PL，并画出 HL、GL 平行于 PL 和长方体的立面。

② 自视点 E 作 A_1B_1、A_1D_1 的平行线，与 PL 相交于 V_1、V_2 自 V_1、V_2 点引垂线，得 V_1'、V_2' 两消失点。

③ 过 A_1 点作垂线相交于基线 GL 于 A 点。长方体的一垂边 AA_2 在画面上，其透视等于实长。把立面图的高度平移即可得 A_2。

④ 自 E 向 B_1、C_1、D_1 各点连线，得画面 PL 上交点，由 PL 上的交点作垂线。

⑤ 自 D、A 向 V_1'、V_2' 连线和垂线相交，得 BB_2、DD_2。自 B 点、D 点分别向 V_2'、V_1' 连线求出 C 点，即可求出长方体透视(图 3.39(a)、图 3.39(b))。

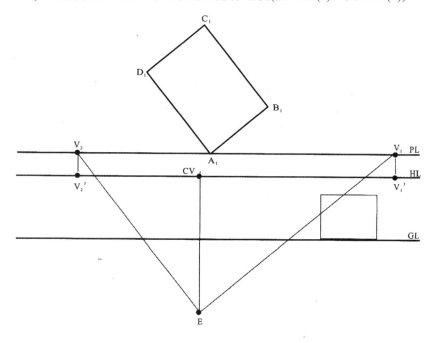

图 3.39(a) 视点法成角透视图

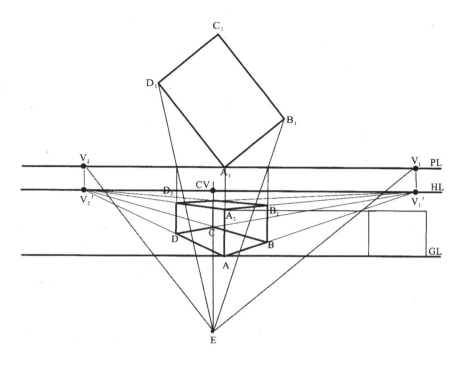

图 3.39(b) 视点法成角透视图

(2) 视点法成角室内透视作图分析。依据成角室内的平面图画出透视图,具体步骤如下。

步骤一:①选择角度,确定视点 E,确定基线 GL、视平线 HL(平行于画面线 PL),从画面线 A_1、B_1 引垂线交 GL 得 A、B 两点,A_1ABB_1 就是成角室内的透视图画幅;②自视点 E 作线垂直于视平线 HL 交得心点 CV;③过视点 E 分别引线平行于平面图的两条墙面线,交画面线 PL 得 V_2'、V_1',从 V_2'、V_1' 向下引垂线交视平线 HL 得透视消失点 V_2、V_1;④在透视图画幅 A_1ABB_1 左右两侧分别定有门、窗、桌、椅四样物体的真高线(图 3.40(a))。

步骤二:①分别从 A、B 向消失点 V_2、V_1 连线,得房屋室内的透视深度轨迹线;②根据门、窗两样物体的真高线,各自水平引线到 A_1A、B_1B 上得交点,并自交点分别向消失点 V_1、V_2 消失,得到各自的消失轨迹;③利用视点 E 分别与平面图中门、窗的深度位置点 C_1、D_1、H_1、F 交于 PL 于 c_1、d_1、h_1、f_1,④自 C_1、d_1、h_1、f_1 引垂线落到各自物体相应的高度消失轨迹线上,完成成角室内门、窗的透视作图(图 3.40(b))。

步骤三:① 从平面图中的椅子 F_1C_1、E_1D_1 和 F_1E_1、C_1D_1 分别延长交画面线 PL 得交点 c、d_1、d_2、e,自交点引垂线到基线 GL 上得 c_1'、d_1'、d_2、e_1,再根据椅子的左右消失方向分别与消失点 V_1、V_2 相连,得椅子底面消失轨迹的位置;② 据椅子的真高线水平引线到基线 GL 上 d_2' 的垂直线上,然后向 V_1、V_2 消失,与椅子底面位置的透视轨迹点上的垂线相交,完成成角室内椅子的透视作图;③ 从 H_1 点引垂线到基线 GL 上得 h 点，再分别与消失点 V_1、V_2 相连，得桌子透视的轨迹，G_1、K_1、J_1 点分别与视点 E 连接，交画面线 PL 得到交点 g_1、k_1、j_2，自 g_1、j_2 分别引垂线交 hV_1、hV_2 得 g、j，作 g、j 向 V_2、V_1 消失的线；④根据桌子的真高线，水平引线到 H_1h 线上，再分别与 V_1、V_2 相连，与桌子底面位置的透视轨迹点垂线相交，完成成角室内桌子的透视作图(图 3.40(c))。

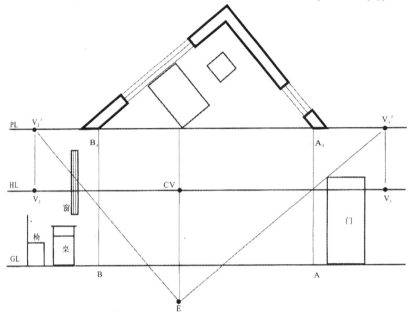

图 3.40(a)　平面图与画面的关系

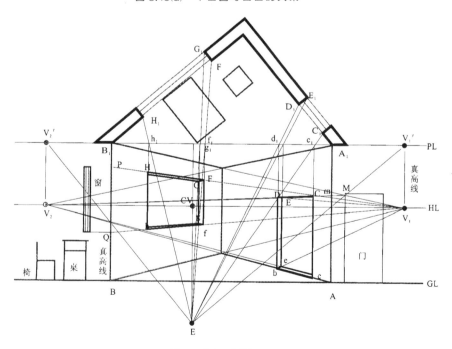

图 3.40(b)　步骤一

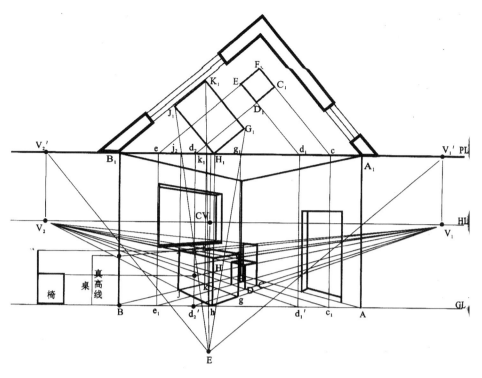

图 3.40(c) 步骤二

视点法成角室内的最后完成透视图(图 3.40(d))。

(3) 成角透视的特点。

① 消失点不交集在心点上,而交集于视平线上的左、右两边的消失点。

② 垂直线永远垂直,但有近长远短变化。

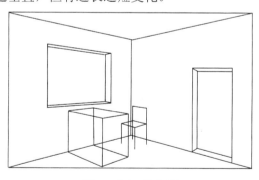

图 3.40(d) 透视图

3) 灭点法

灭点法,指由平面图中被画物体各平行灭线在画面线上的迹点(即各灭线起点),按垂直方向引线交于基线并往各自灭点消失所截取线段长短来作图的一种绘制方法,一般运用于成角透视、倾斜透视。容易掌握、操作性强、简便。

首先,要确定平面图物体各消失线在画面线 PL 上点的位置;其次把各灭点引垂线到基线 GL 上并与灭点(包括心点 CV、消失点 V)连接;最后,使用真高线完成透视图(图 3.41)。

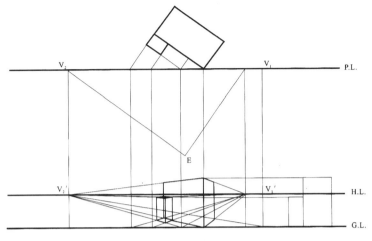

图 3.41 灭点法

灭点法成角室外作图分析。根据立面图和平面图，运用灭点法完成的成角室外建筑透视图，步骤如下。

① 在平面图中把各具体深度位置点引线到画面 PL 上，再垂直落到透视图基线 GL 上去；② 分别向左右两边消失点 V_1'、V_2' 消失，交得成角室外建筑的底面透视，然后再根据立面图的高度在基线上确定真高线，通过分别连接左右两边点 V_1'、V_2' 的消失灭点来最后完成透视作图(图 3.42)。

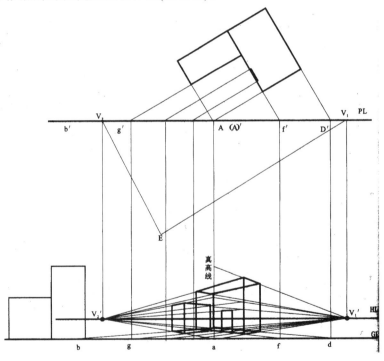

图 3.42 灭点法制图分析

4) 简略图法

简略图法是说上述的各种方法，不一定要按照透视法，也能画出透视图。成角透视要有两个消失点,有时画透视图的辅助画面过大,不方便,或细微部分受到透视法约束,费力费时。而运用简略图法画透视图时,都不是根据透视法来画的,但都必须懂得透视法,而后再简化。

一栋大厦,用成角透视法来画,步骤如下。

步骤:①画最前面的垂直线 AB,画有角度、深度的外形线 AC、AD,AC 为透视线,延长有消失点;②在 AB 线上按照立面上的格子,分成等分的 1、2、3、4、5 格;③确定 HL 线,与 AD 交点作 V_2 消失点记号,AC 消失 V_1(消失点在纸外);④AB 上各等分点连接 V_2,完成 V_2 方向透视线;⑤画出接近 V_1(出纸外)的垂直线 EF,并和 AB 同法等分 EF 出 6、7、8、9、10 格,等分各点与 V_2 相连;⑥E 点和 V_2 连接交 AV_1 得 G 点,过 G 点画垂线 GH,并标出 6、7、8、9、10 和 V_2 连接在 GH 上的交点,再连接 AB 上 1、2、3、4、5 各点,完成 V_1 方向的透视线;⑦利用分割和增值的方法画完透视格子及细小部分;⑧直接画窗格、柱子线条(图 3.43)。

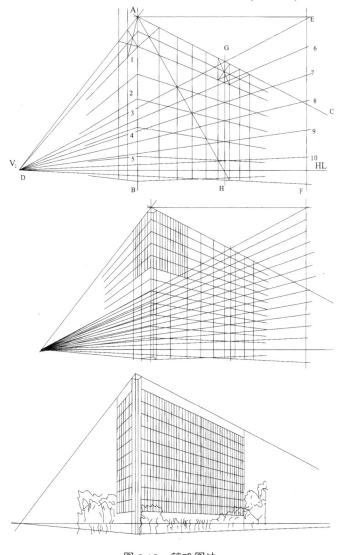

图 3.43 简略图法

5) 斜角透视

斜角透视适用于超高层建筑的俯瞰图或仰视图。在斜角透视中，第三个消失点，必须和画面保持垂直的主视线，使其和视角的二等分线保持一致，具体方法如下。

方法一：①由圆的中心 A 距 120 度画三条线，圆周交于点 V_1、V_2、V_3，过 V_1、V_2 作视平线 HL；②在 A 的透视线上任取一点 B，由 B 作 HL 的平行线，和 AV_1 交于 C 点，BC 为正六面体上对角线之一；③在 B、C 的透视线上求 D、E、F 完成透视图(图 3.44(a))。

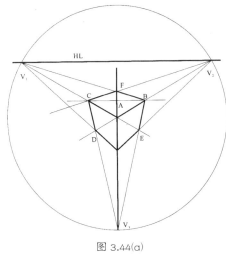

图 3.44(a)

方法二：①在 HL 上确定 V_1、V_2，二等分处为 X；②以 X 为圆心画通过 V_1、V_2 的圆弧；③在 V_1、V_2 间任意确定 V_C 点，画垂线和圆弧，交于点 A，确定 $V_C A$ 间的任意点 B；④自 V_1、V_2 通过 B 延长的透视线和圆弧交 Y、Z 点，V_1 和 Z、V_2 和 Y 连线的延长在 $V_C A$ 的垂直线上相交，为消失点 V3；⑤把 $V_1 V_3$、$V_2 V_3$ 视为 HL，反复如步骤 2 可得 C、D 点；⑥由 A 的透视线及 C、D，至各消失点的透视线得 E、F、G 完成透视。(图 3.44(b))

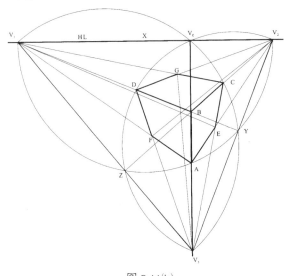

图 3.44(b)

方法三：①在成角透视图上作正六面体，画对角线；②以任意倾斜的一个边角交点 X 作为基点，分别向两个消失点连线，得到与对角线的交点，求出底面轮廓。③分别连接底面与顶面对应点，求出透视(图 3.44(c))。

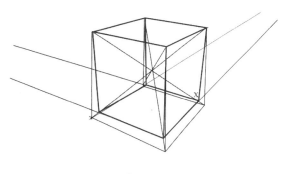

图 3.44(c)

【特别提示】

在室内外透视制图中要注意视点、视平线位置、高度，注重画面的整体美感。

8. 透视作品欣赏(图 3.45～图 3.50)

图 3.45　一点透视　欧式走廊透视效果图

图 3.46　两点透视　住宅透视效果图

图 3.47　两点透视　住宅透视效果图

图 3.48 两点透视 住宅透视效果图

图 3.49 两点透视 建筑外观透视效果图

图 3.50　一点透视　效果图

3.2.7　形式美法则

形式美法则是事物的外在形式所具有的相对独立的审美特征；是人类在创造美的过程中对美的形式规律的经验总结和抽象概括。它适用于一切造型领域。形式美法则主要包括：对称、均衡、透叠、聚集、节奏、韵律等。

1. 对称

对称又称"对等"，是事物中一种等量等形的组合形式的绝对平衡，是平衡法则的特殊形式，是一种最容易统一的基本形式。自然界中大部分动物、植物以及人都具有对称形体。事物的对称形态在视觉上有自然、安定、均匀、协调、整齐、典雅、庄重、完美的朴素美感，符合人们的视觉习惯。例如，西方宗教建筑和中国古代皇宫布局多用对称形式来显示其稳定及宏伟的规模(图 3.51、图 3.52)。

对称可分为绝对对称和相对对称两种形式。绝对对称是一种等量等形的关系，在绘画中运用的较少，只有在传统装饰纹样、民间剪纸、年画及刺绣中运用得较为广泛。相对对称是一种等量而不等形的关系，在绘画运用的较为广泛。如达·芬奇的《最后的晚餐》在构图上属相对对称。《最后的晚餐》画面人物列为一排共 13 人，以耶稣为中心，分成四组，形成相对对称的构图形式，构成了一个穿插变化又相互统一的整体(图 3.53)。

图 3.51　周庄(对称构图)　杨义辉　　图 3.52　小角门(相对对称构图)　佚名

图 3.53　最后的晚餐　达·芬奇[意]

> 【知识链接】
　　达·芬奇是文艺复兴时期所有伟大的艺术家中涉猎最广的一位，也是最神秘的一位。《达·芬奇传》为传说中这个"文艺复兴天才"和"全能的人"描绘了一幅令人信服和最为隐私的肖像，追溯了他不同寻常的人生经历。

《最后的晚餐》(约 1495—1498；壁画 420 厘米×910 厘米)绘制在米兰格雷契修道院饭厅的墙壁上。达·芬奇一改前人绘制"最后晚餐"围桌而座的布局，让所有人物坐成一排面向观众，而耶稣坐在最中间。画面中的人物，其惊恐、愤怒、怀疑、剖白等神态，以及手势、眼神和行为，都刻画得精细入微，惟妙惟肖。这些典型性格的描绘与画题主旨密切配合，与构图的多样统一效果互为补充，使此画无可争议地成为世界美术宝库中最完美的典范杰作。

2. 均衡

均衡又称"平衡"，是一种等量不等形的组合形式。均衡是根据力的重心，将各种分量进行配置和调整，从而使整体达到平衡的状态，我们所说的均衡是视觉意义上的一种平衡状态，而非从物理学角度来讲。

均衡与对称相比显得生动、活泼、自由，更富有变化。均衡是靠艺术家的艺术感和不断的艺术实践所积累的经验来实现的(图 3.54、图 3.55)。

图 3.54　拉纳地区的山路　克里斯蒂安[法]　　图 3.55　莫斯科近郊　科科林[俄]

3. 透叠

透叠是一种组合关系的变异，也是一种绘画形式的表现方法。它是利用一种推理的手法，把各种形态摆出来，并进行有意识的排列组合，化客观为主观，化具象为抽象，也是一种理智的设计方法。此方法主要是通过两种或两种以上的形态，整体的或局部的前后重叠，前面的形态可做透明体处理，透过前面的形态看到后面的形、线，前后之结合形成第三种形态。这一新的形态作为画面的一个不可分割的组成部分，它可以加强、丰富、充实画幅的表现力，使之具有较强烈的时空感(图 3.56)。

图 3.56 形体透叠表现 学生作品

4. 聚集

聚集又称密集,是基本形的自由排列,有疏有密,是不规则的画面中的排列。自然界中的群雁飞翔、城市的人群、建筑物等都是聚集的关系(图 3.57、图 3.58)。

图 3.57 游艇码头 邱立刚

图 3.58 凉秋 刘天民

5. 节奏

节奏是客观事物运动的重要属性，是一种符合规律的周期性变化。节奏存在于现实生活之中，如人的呼吸、心跳，昼夜的交替都具有一定的节奏；人的心理情感活动会引起生理节奏的变化；艺术作品中的节奏具体体现在线条、色彩、形体、音响等因素有规律的运动变化，能引起欣赏者的生理感受，进而引起心理情感活动（图 3.59）。

图 3.59 钢笔速写 丢勒[德]

人的视觉也有一定的节奏感受。在视觉艺术中，节奏主要通过线条的流动、色块的形体、光影明暗等因素反复重叠来体现。静态艺术是一种引申意义的节奏，绘画中透视的远近、色彩的进退、比例的大小、线条的曲直都构成了视觉上的节奏。建筑门、窗、柱的反复交替，其节奏、韵律与音乐很相似。

6. 韵律

韵律是一种和谐美的格律，"韵"是一种美的音色，"律"是规律，它要求这种美的音韵在严格的旋律中进行。例如植物枝叶的分布，叶子的大小，动物的斑纹等不同形态有规律的分布排列都充满韵律感；再如一条优美的曲线，它每一阶段的形态要美，这种美又是在一定规律中发展线的弯曲度、起伏转折及前后要有呼应，伸展要自然，要有韵律感。事物形象的反复、连缀、排列、对称、转换、均衡等，几乎都有严格的音节和韵律，是一种非常优美的形式（图 3.60）。

图 3.60　旋转楼梯　陈辉

【特别提示】
形式美法则适用于艺术设计的各个领域，要学会灵活运用。

本章小结

本章要解决的是设计素描中基本元素的应用特点和情感特性，运用视觉规律、形体结构构成的艺术规律进行写生创作。通过点、线、面的应用，对素描中明暗光影、结构、空间、形式美法则等的表现进行分析与研究。目的是具备准确的设计思维方式与表现能力，同时提高了运用素材的能力及审美能力。

综合实训

1. 建筑物速写一张。要求：线条流畅，注意点、线、面的应用，8开纸(2课时)。
2. 建筑或风景素描。要求：用两点透视表现，4开纸(8课时)。
3. 风景写生。要求：画面的节奏感强、层次分明，符合形式美法则，4开纸(12课时)。

实训目标：

通过实训练习能正确理解点、线、面的应用、透视图画法及形式美法则在绘画中的表现。

实训要求：

着重训练设计能力，实现从写实素描到设计素描的转变。

第4章 观察与表现——写生训练

教学目标

通过本章的学习,掌握正确的观察方法,培养对建筑造型美的感受力,并能够比较熟练地运用一种素描形式将它表现出来。本章提倡学生走出画室,观察了解我们所生活的环境,充分融入到大自然当中。

教学要求

能力目标	知识要点	相关知识	权重
正确的观察方法	整体与比较的方法		20%
对建筑造型美的发现能力	观察、分析	秩序与变化	20%
线描的表现能力	比例、结构、透视	数值关系、造型中的结构含义、透视规律	30%
明暗的表现能力	概括与归纳、虚实手法	视觉现象	30%

引 例

引例图　冬天的树　梵高[荷兰]

梵高笔下的树有一种桀骜不驯的生命力，显露出对于飓风雷霆的大自然之永恒的挑战。他在画树的时候，会把自己的全部注意力集中在这一棵树上，一直到赋予它某种生命力，而周围的事物也都会跟着显得生机勃勃。通过本章的学习，希望能从中发现他的观察方法、透视方法以及线与面的表现方法。

4.1 观察与表现

观察，是一种感知—视觉方式，这一点艺术家与常人并无区别，但是观察同时也是一种思维的方式，这与观察者的主观意识、知识结构有着密切的联系。

观察很重要，要明白观察的最终目的是为了表现，应该在掌握正确观察方法的前提下，加深对要刻画的物象各个层面的理解。如何表现要依靠方法，轻视表现方法也是无法塑造完整素描的。

另一个层面是引导学生如何真实地表现。真实是一种感受，每个人理解的真实都不一样，有细节的真实、明暗的真实、观察的真实、心理的真实和体验的真实。

4.1.1 整体的观察方法

对造型的观察，一个专业的艺术家有着特定的方式。一般来说，常人的观察是平面的、单薄的、片面散碎的，而艺术家的观察是立体的、全面的、综合整体的。

造成这种区别的原因是，观察者的主观意识和知识背景以及由此养成的观察方式的不同。观，就是"看"；察，则是"分析、研究"。

一般常人的观察更注意物象的边缘形，忽视其内在的结构形，所以这种观察是趋向于平面的、表象的；又因为更容易关注局部和细节，而又缺乏彼此的联系，所以说又是片面的、散碎的。

素描的观察必须是整体的观察，所谓整体的观察就是对物象造型要素的全面的统整关照，对物象多角度的全面审视，获得整体的综合印象，与此同时还要与相关的其他物象进行比较，获得该物象独有的本质特征。

只有观察的整体性才能导致表现的整体性，任何形体的表现一旦失去整体性必然导致紊乱，从而失去各个构成部分之间的协调而有机的联系。整体表现的实质是对造型内在秩序的追求，不仅仅能使我们具备准确的表现能力，更能提高我们对造型审美的追求。

【案例分析】

这是较为典型的初学者的错误观察与表现的案例(如图 4.1 所示)，图中有两处较为明显的错误和一处较难察觉的错误。

(1) 观测者未能把碗的左右侧的弧度联系比较，正确表现应该是左右对称的关系。

(2) 碗口的圆形与碗底的圆形缺乏整体联系，碗口的圆所处的平面与碗底的圆所处的平面应是相互平行的关系，因此在相互的联系与比较下，碗底的圆的弧度应该更加强烈而明显。

(3) 碗口的圆形缺乏细致认真的观察表现。作为透视状态下的圆形，由于视点的距离和角度的关系，前半圆的弧形较为强烈，而后半圆的弧形较为舒缓。

图 4.1 案例图

4.1.2 表现方法

1. 线的原理和表现

"线"，有一种明确的富有表现力的特征，是造型的手段，如图 4.2 所示。

图 4.2　线描作品（签字笔）　耿庆雷

我们面对的形体本来是没有"线条"和"点"的，只是我们为作画而感觉到"面"的存在，这些面是在起伏的千变万化中附着在结构与形体上的。

研究线的现象和原理，有必要从物体的体积结构谈起。我们知道，各种物体的体积，是由许多不同方向的面组合而成的。一个简单的几何立方体，有 6 个面组成；一个圆球，是由无数的面组合而成的。当我们观察物体时，从眼睛可引出千万条直的视线，在这些视线中，有的被物体阻挡，看到的就是面；有的视线顺着物体擦过，那么这个与视线相接触的面，在视觉上会缩变成线。因此任何一组物体的面，当它们转动或作画者视点移动的时候，都可以因透视变化而缩扁成线。在一个物体上，面和线的关系是对立统一的辩证关系，它们都属于体积，在不同透视角度下互相转化，在某个角度看是面，在另一角度看是线，这种线一般出现在物体边缘。如正面观察静物土罐，从上到下都是面；如果从侧面看，这些面中的大多数就缩扁成线了。同时，在两个面的转折处或相接处，也会出现线。

我们使用的无论是点、线还是面，都是一种手段，它们本身没有任何意义，把它们用在我们所刻画的形体上，就成为物体结构的元素，最终成为所画物体的一部分，而不是具体的点、线、面了。

在写生时，如果只看到对象的轮廓线，而不全力以赴观察其体积结构和特征，或只考虑线本身的表面效果，就会变得非常拘谨和胆怯。应该始终记住：线条不是结构外的东西，而是物体内在结构的表现。使用不同的表现工具，画出的线有不同的特点。

【特别提示】

作为绘画艺术的"线"还有其独立的审美意味(图4.3、图4.4)。

图4.3　线描作品　　莫迪阿里尼[德]　　　图4.4　线描作品　　马蒂斯[法]

要表现线的用笔，除了根据对象特征和形体构造外，还要从不同的质感和量感出发。线条的强弱虚实用笔还能表现空间感、远近感，一般的规律是在白色的纸张(画面支撑物)上，近处的部分或物体用线清晰而浓重，远处的部分或物体用线柔和而清淡(图4.5)。

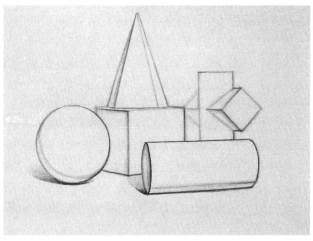

图4.5　几何体线描表现(炭笔)　　张军

【案例分析】

在图 4.5 这幅作品中，线条的运用按各个物体的远近以及受光角度引起的视觉强度而有浓淡虚实的变化，表现出各个物体的远近等空间关系(如图 4.5、图 4.6 所示)。

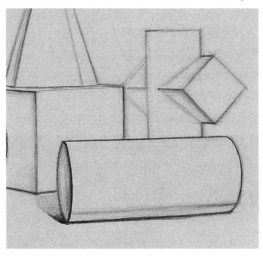

图 4.6　线描作品局部——线的虚实、浓淡变化

2. 明暗调子的原理及表现

明暗是素描造型的另一种基本手段。明暗现象的产生，是光线作用于物体的结果。明暗素描适宜于立体地表现光线照射下物体的形体结构，以及物体各种不同的质感、色度和空间感；比线描更有真实感，富有表现力，表达深入细致，视觉效果强烈醒目(图 4.7)。

图 4.7　明暗素描作品（炭笔）　张军

学习明暗调子的表现方法应从石膏几何体和静物写生入手，将明暗调子及其处理手法进行重点研究和训练十分必要。

明暗调子的基本规律是：如果光线照射在白色的石膏几何立方体上，就立刻能看到立方体上不同面的明暗关系，受光线直射的最亮，受到侧射的较灰，背光处最暗。表现一个物体的明暗调子，要抓住形成体积基本面的形状，而这些面的明度，可从下面4个方面来分析观察。

(1) 光源本身的强弱和距离物体各面的远近(图4.8)。
(2) 光线射到"面"上的角度。
(3) 物体对象离开写生者的距离。
(4) 物体对象不同的固有色的深浅明度(图4.9)。

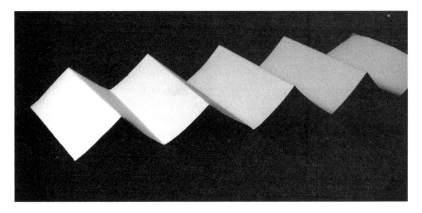

图4.8　光源本身的强弱和距离物体各面的远近的深浅明度

图4.9　物体对象不同的固有色的深浅明度

同一物体虽然会由于不同角度的光线照射而出现不同的明暗变化，但光线不会改变对象的结构，结构是固定的，而光线是可变的。物体受光后，出现受光部和背光部，即明暗两大系统。由于物体结构的各种起伏变化，明暗层次的变化也是很多的。但这种变化具有一定的规律性，我们将其归纳起来称作"五调子"，即：亮部、中间色、明暗交界线、反光、投影。其中亮部和中间色属于受光部，明暗交界线、反光和投影属于背光部，它们构成物体的明暗两大系统。这是物体受光之后产生的基本调子，不管物体形状起伏有多复杂，也不会改变五调子的排列次序。

一般来说，物体受到光线直射的地方是亮部。亮部中的受光焦点称为"高光"，高光不是在任何情况下都有的，它的出现与物体的不同质地有关，所以不把它作为基本调子。

中间色也是受光线照射的地方。由于物体造型结构的变化复杂，受到侧射光照射后，中间色层次变化也就表现得更加微妙、复杂而丰富。

物体受光部和背光部交接的地方，称明暗交界线。一般来说，这部分受光最少，因为受不到光源照射，又受不到反光影响，所以比较起来最暗。作画时，抓住明暗交界线的位置和形状，就可把物体两大部分区别开来，有助于对复杂的明暗变化进行整体处理，使调子统一。

物体的暗部受到周围受光物体的影响，产生了反光。在一般情况下，反光亮度不会超过受光部。当光线射到某个物体，被另一物体遮住就产生投影，当投影落在凹凸起伏的物体上，投影也随凹凸起伏形状而变化。投影与物体交接处，一般较暗，界线也较清楚，渐远渐亮，界线也更模糊(图 4.10)。

图 4.10 "五调子"：亮部、中间色、明暗交界线、反光、投影

【特别提示】

用明暗调子表现空间关系有一定规律性。素描写生中称空间感。空间感由两个基本因素所组成,即"形体空间"和"色彩空间"。

"形体空间"是指物体和物体之间或物体结构之间的前后穿插关系,以及物体近大远小的透视变化。

"形体空间"是根本,"色彩空间"是从属,任何色彩不能孤立存在,它总依附于一定的物体,物体在不同距离内所产生的色彩明度和强弱变化,在素描上则表现为明暗变化。

物体离写生者越近,明暗对比越强,反之则弱。同样原理,光源越强或光源离物象越近,明暗对比越强,反之则越弱。这一点与线描表现中的实虚对比、强弱对比的原理是相同的。

素描画不出实际光色的绝对强度,因为素描的色阶是有限度的,但是,一枝铅笔,一张白纸,却可以逼真地表现出在光线照射下的物象来。素描之所以能用有限的明暗层次表现自然界物象无限复杂的光色现象,主要是用适当减弱相邻色调强度的办法来相对地表现对象关系的缘故。

明暗关系是靠对比存在的。因此根据对象正确地画出素描的明暗度的比例关系十分重要。确定明度比例,应从确定受光、背光两大部分基本关系入手,然后再进一步分析和表现中间色、亮部和反光等。这叫"从大体着眼,从大体入手"。

比较是对明暗调子最主要的观察方法。比较,就是要善于从整体出发,在深入表现细部时,始终能抓住对象最基本的明暗关系。特别应该注意的是,人的眼睛对明暗有一定的适应性,随着明暗的变化会自动地调节瞳孔的大小。当我们长久地注视某一局部,如亮部或暗部,都能看清楚各局部的明暗层次,如果不能主动地加以比较,就会把各局部的层次表现得一样,明暗素描中的"花"和"灰"都是缺乏比较造成的。

4.1.3 表现步骤

1. 全面地观察、理解、构思表现

步骤1:观察构思。

这一个过程中,首先以敏锐的感觉捕捉住对象最大的特征,进而分析对象的几何构造、体面、透视、明暗等关系,其次把对象适当地计划在画幅上。那么,具体来说怎么观察呢?

(1) 要整体地观察,多角度地观察。一般情况下,人们往往容易关注较为突出的局部特征,或只注重从某一角度看到的物体正面的平面形,也就是常说的轮廓形,而对物体在纵深方向的起伏变化却缺乏体察。所谓"整体"就是不要只看局部,而是跳出局部(有意识地忽略局部)而观察对象大的形体构造。因此,我们看的时候要多角度(即变化视点)地观察对象,这样可以在单一视点上把握物体纵深方向的结构变化,避免简单化、平面化。从而获得该物体全面的、整体的面貌。一般物体都有三度空间,即高、宽、深,这是立体的基本条件,而"深"是我们较容易忽略的。

(2) 要比较地观察,比较并且要反复比较。整体观察是一个动态的过程,应该是先整体,后局部,再整体的过程。

首先是整体比较,我们有的时候没能准确地表现出物体的特征,往往是因为没有把一件东西和造型相似的其他东西进行比较。要比较比例、结构、明度、层次等多种关系,看看这件东西有什么特点,与别的东西有什么不同,有何特征。

其次是整体与局部的比较,局部与局部的比较,如:整体大小与局部大小的比例、形态的方向、明暗等。避免将物体的局部与整体不自觉地割裂开来孤立观察,"不识庐山真面目,只缘身在此山中"就是这个道理

通过观察,对所表现的物体有了较为全面的理解,那么就可选取最能表现对象特征的角度计划一下画面的整体安排。可先画一张小构图,把所表现的对象大体关系表现出来,这样便于画正稿。

2. 布置大体轮廓

布置大体轮廓(以图 4.11 所示静物为例),把对象的大体轮廓及外部形状先画出来。不管对象如何复杂,一定要抓住它的基本形状进行定向布置。画轮廓应先找物体的长短、横宽的比例,边缘线的角度,然后用直线找出物体的主要转折点,比例外形基本上准确了,然后进入内轮廓的表现(图 4.12)。

图 4.11 静物照片

图 4.12 画轮廓

步骤 2-1：确定整体外形。在表现组合的形体时，必须将它们作为一个整体对待，整体外形越简化，我们越容易判断它的准确性。此阶段，我们可以根据视觉强烈的部分来确定外形，关键是简洁易于把握，一般不要超过五根线来表现(图 4.13)。

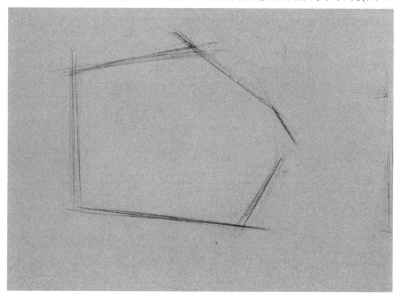

图 4.13 确定整体的外形

对外形辅助线的倾斜角度的判断，是我们准确表现形体的方法之一。可以依据垂直线和水平线来判断角度(图 4.14)。

图 4.14 判断角度

步骤 2-2：在整体的外形下，确定各部分比例、形状(图 4.15)。

图 4.15 确定各部分的比例及形状

我们还可以对物体各部分之间，物体与物体之间形成的明确的负形进行观察判断，以更加准确地表现物体的形态以及诸形态之间的比例、空间位置等关系(图 4.16)。

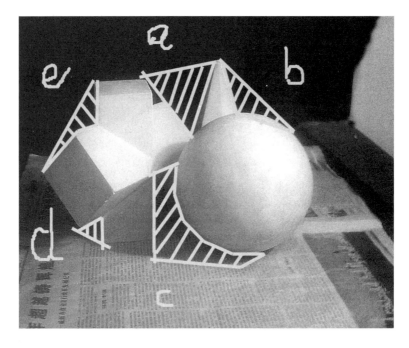

图 4.16 准确地表现物体的形态及其比例、空间位置关系

3. 明暗与分面

画准大体轮廓后，为了准确地表现对象在空间里的形态，我们还要借助明暗色调的造型语言，恰当地涂上明暗。静物受了光以后就形成了亮面与暗面，要分出明暗面，必须先找出明暗交界线的位置。有了明暗交界线，亮面与暗面就分开了(如图4.17)。如果物体的形状很复杂，其明暗的层次变化就多，归纳起来可分为三个大面和五个调子。

图 4.17 均匀地画排线，以表现明暗

三大面：亮面、灰面、暗面。五调子：亮部、中间色、明暗交界线、反光、投影。能区分这些明暗调子，画出层次，就能表现物体的立体感。

必须强调的是，物体的形态结构是我们把握的根本，是固定不变的，不会因为光影的改变而改变。而明暗只是物体形态结构在一定光影条件下的视觉反应，它会随着光影(光照的角度、强度)的改变而改变。

步骤 3-1：沿着明暗交界线分出明暗。这一步骤首先是要把亮部和暗部明确地分开，用排线表现明暗要耐心地画，要画得均匀，先不要顾及色调的变化，统一地对待(图 4.17)。

步骤 3-2：在画面上拉出大的黑、白、灰(注：不是亮部的灰)明暗层次。必须避免孤立地观察某一部分的明暗，而是整体全面地比较画面中所有的色调层次，浅色物体亮部的灰色层次在这个阶段不要刻画，因为在整体大的黑白灰关系中，它属于白的层次(图 4.18)。

图 4.18　在画面上拉出明暗层次

4. 深入刻画

大体的形态与明暗布置好了，要更深入地去表现物体的结构细节，一定要懂得分面。分析物体是由哪些大的面构成的过程叫做分面，分面要正确，就要以各面的相互关系为根据；只有从整体角度来看部分，比较它们之间的各种关系，才能分析出面的正确与否。

每一物体，都是由各种不同大小、不同形状、不同方向的面组成的。一个立方体，是由 6 个正方形的面组成的，我们在任何一个角度，最多能看到它 3 个不同方向的面。这些面由于方向不同，受光不同，因此产生了不同的明暗。从方到圆表示圆是由无数不同的方面所组成的，只有认识和掌握了各个方面的面的关系，才能准确地画出对象。

步骤4：亮部灰层次。当画面几个大的色块的关系能够正确地表现出来并且层次的差别比较大后，我们才可以对局部进行刻画，如：暗部之间、灰色调之间、最后到亮部之间的层次，逐步过渡到亮部灰层次。但是在刻画的过程中，我们要随时比较各层次的明度关系，甚至停下来，远距离观察，是否破坏打乱了大的层次关系，这样我们才能在整体关系下较准确地处理好局部的关系(图4.19)。

图4.19　在整体关系下处理好局部关系

5. 调整统一

第4个步骤是针对第2个步骤打轮廓的"整体"，而进行"局部"刻画的。现在需要进行的这个步骤，要从"局部"回到"整体"，即调整统一。这样，整个写生过程遵循开始提到的法则"整体——局部——整体"。

在深入刻画的过程中，由于局部观察及眼睛自我调节明暗适应功能等原因，常会把中间色调和亮部灰色调画深，暗部反光画淡，最后破坏了受光、背光两大部分基本关系，造成画面灰、脏和乱，这是在深入刻画中进行局部观察和刻画难以避免的。因此，最后的过程，必须对画面进行统一调整，方法是眯起眼睛舍弃局部细节，或者是将画面倒过来观察，克服已经迟钝的视觉，对所有大的明暗层次同时对比观察，注意中间色再深，也属于受光部分，反光再亮，仍属于背光部分。处理好这两个基本的明暗关系，就有一个层次丰富而统一的画面了(图4.20)。

▶【特别提示】

在明暗色调画法的表现中，虚实处理手法极为重要。它是整体观察方法之下的客观体现，也是按照视觉规律加以适当夸张的主观处理手法。由于眼睛的能随着观察物象的明暗和距离调节，我们在深入刻画时观察局部，就会将每个局部看清楚，也会不自觉地到处都表现清晰,而这样画面效果却不符合整体的观察效果,使画面显得刻板和生硬。因此,有意识的虚实处理能使画面更加生动自然,有更好的空间感和体积感(图 4.21、图 4.22)。

图 4.20　层次丰富且统一的画面

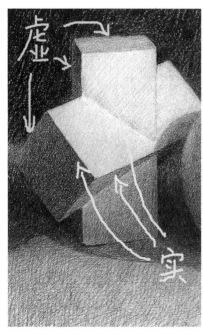

图 4.21　虚实效果处理示例图　　　　图 4.22　虚实效果处理示例图

4.2 观察与表现实训

4.2.1 建筑构件写生

建筑构件写生是在室内环境写生的基础上，对建筑构件进行素描表现。通过构件写生使学生对建筑构件的透视变化、结构特点、材料质地等具备一定的认识，进而对建筑构件的基本表现技法有所掌握。

1. 砖

墙面表现应与地面、天空及周围的环境联系起来看，砖墙不可能每块都画，应该用以点带面的方法，画一部分(根据明暗关系，在砖墙的明暗交界处及较突出的部位不规则地画一部分)，并且所画的部分要深浅互为衬托，虚实相间，富于变化。

砖是建筑最小的造型体块，为了便于组合，它的造型和尺度都有着内在的规定性。

从其正、侧、上几个角度观察，砖是一个规则的六面体，相对的面是平行关系，相邻的面是垂直关系，用测量法观测其长宽高的比例，近似于 4:2:1(图 4.23、4.24)。

图 4.23 砖的厚度与宽度比约为 1:2

图 4.24 砖的大面长宽比为 2:1

不论我们从哪个角度来表现，砖的结构关系都不会改变。

根据线的表现原理，我们可以用三组平行线来表现透视状态下的砖块。只要砖的任何一面平行于地面(水平面)，相互平行的面的边缘(棱)线的方向都会指向同一个消失点，而这个点必然在视平线上。

在视距与物象整体的高度比大于 3:1 的情况下,可以不表现垂直方向线的透视变化,而采取成角透视画法,即可较真实地表现对象。

【应用案例】

砖的组合表现练习能锻炼多种表现技能,比如比例的把握,透视规律中的对角线找中点以及前后线段的等比法(图 4.25)。

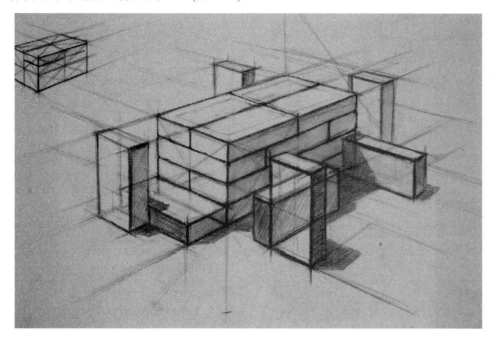

图 4.25 砖的组合

【知识链接】

建筑用的人造小型块材,价格低、体积小、便于组合,分烧结砖(主要指黏土砖)和非烧结砖(灰砂砖、粉煤灰砖等)。黏土砖以黏土(包括页岩、煤矸石等粉料)为主要原料,经泥料处理、成型、干燥和焙烧而成。中国在春秋战国时期陆续创制了方形和长形砖,秦汉时期制砖的技术和生产规模、质量和花式品种都有显著发展。

普通砖的尺寸为 240 毫米×115 毫米×53 毫米,按抗压强度(牛顿/平方毫米,N/mm^2)的大小分为 MU30、MU25、MU20、MU15、MU10、MU7.5 这 6 个强度等级。黏土砖就地取材,价格便宜,经久耐用,还有防火、隔热、隔声、吸潮等优点,在土木建筑工程中使用广泛。废碎砖块还可作混凝土的集料。目前普通黏土砖正改掉块小、自重大、耗土多的缺点,向轻质、高强度、空心、大块的方向发展。灰砂砖以适当比例的石灰和石英砂、砂或细砂岩,经磨细、加水拌和、半干法压制成形并经蒸压养护而成。粉煤灰砖以粉煤灰为主要原料,掺入煤矸石粉或黏土等胶结材料,经配料、成型、干燥和焙烧而成,可充分利用工业废渣,节约材料。

2. 门

门有木门、铁门、玻璃门等，这里就一般建筑物门的表现而言，主要注重描绘关着的门与开启后的门的透视及门的厚度和质感。由于光线的作用，门楣、门框对门的投影形成一定的明暗深浅变化，应给予强调和深入刻画(图 4.26)。

当门处于开启状态时，门的水平线和门楣的水平线不是平行关系，因此产生另外一个灭点，尤其要注意的是这两个灭点必然处于同——水平线——视平线上(图 4.27)。

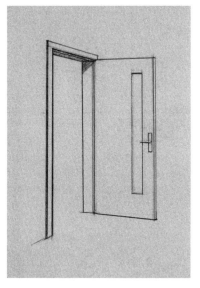
图 4.26　门的表现(一)

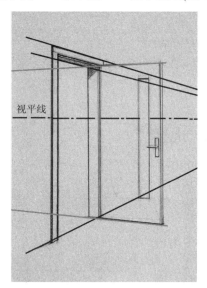
图 4.27　门的表现(二)

3. 窗

窗有多种形式，普通木窗、钢窗、老虎窗、百叶窗等。对于窗的描绘主要注重窗的透视，尤其是打开窗的不同角度所形成的透视状态(图 4.28、图 4.29)。

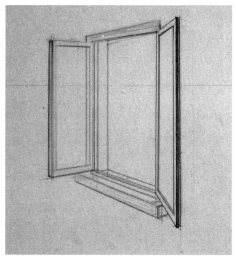
图 4.28　窗的表现(一)

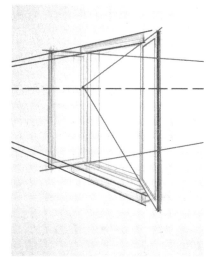
图 4.29　窗的表现(二)

4. 柱

一般建筑物中圆柱较为普遍，画圆柱主要注重圆柱的圆度描绘，必须画出丰富的明暗层次，尤其要强调建筑物在柱子上的投影。不但使柱子上下形成深浅变化，同时投影增加了圆度的表现。方柱的体面、明暗关系较为明确，在描绘时应强调屋面在柱子上投影的描绘。柱子的表现实例(图4.30、图4.31)。

图 4.30 圆柱的表现

图 4.31(a) 螺旋砖柱(炭笔) 张军

图 4.31(b) 螺旋砖柱实例

【案例分析】

欧洲古典建筑是以石材为建筑材料的。在历史演进中，形成了决定希腊建筑形式的柱子格式，称为柱式。柱式通常由柱子和檐部两大部分组成，典型的希腊柱式有多立克柱式、爱奥尼克柱式与科林斯柱式等三种，希腊柱式后来为罗马所继承与发展。所谓古典柱式包括古希腊的三柱式和后来古罗马发展了的塔司干柱式和组合柱式，共称古典五柱式。图4.32表现的柱式为组合柱式的变体。采用结构结合色调的表现手法，造型简练准确，虚实适当，是表现建筑及其构件的常用手法。

图4.32　欧洲古典柱头表现

5. 台阶

台阶有规则的水泥台阶、木质台阶，有不完全规则的石条、石块砌成的台阶等。画时，尤其注重透视规律的运用，每级台阶的顶面和立面的明暗关系。根据透视，可以看到台阶的顶面宽窄不同，一般台阶的顶面比较亮，立面相对暗一些。特点强调的是每级台阶的顶面对上一级台阶的立面形成反光。一般台阶顶面较淡，甚至可以留白，主要描绘的是台阶的立面，如果重视这一特点就能把台阶画得真实、透明且有变化。石条、石块砌成的台阶，如果年代久远，还应强调对台阶破损及剥落残缺美的表现，使台阶形象生动，富有情致与真实感(图4.33)。

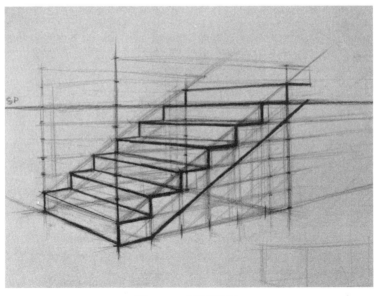

图4.33　台阶的画法

6. 瓦

瓦大致分为蝴蝶瓦、机平瓦、筒瓦，不管画什么瓦都应用以点带面的办法处理，不必全部画出，而是根据明暗关系，着重画檐口部分，强调瓦的结构特点，然后根据外形规律(条状)参差错落画一些，并形成一个整体。特别注意蝴蝶瓦，一般形成顺条分垄状。机平瓦则不可画成顺条状，而应强调横向瓦的厚度描绘，同时将横向的厚度作为面来处理(图 4.34)。

图 4.34　瓦的画法(铅笔、签字笔)

【案例分析】

图 4.35 是一幅签字笔表现的建筑，线的应用有两种方式，一是表现结构的线，一是表现明暗的网状线。注意，三个屋顶的瓦由于高低远近及视线与屋顶形成的角度不同，表现方式亦有不同(图 4.36)。屋顶的细节如图 4.37 所示。

图 4.35　山寨水车(签字笔)　张军

图 4.36　表现方式不同的三个屋顶

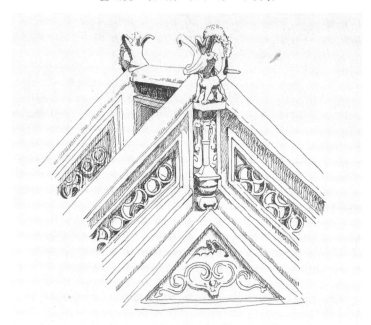

图 4.37　屋顶细节

4.2.2　室内环境与建筑外观写生

1. 室内环境

室内空间既要满足人们功能上的需求，又要满足人们的精神需求，是在人体工程学、行为学、文化背景等的基础上，构建的符合人体生理、心理需求的环境。有的空间高耸宏大，庄严肃穆；有的空间花团锦簇，气息浪漫；有的空间简洁素雅，平易近人；也有的空间曲折多变，耐人寻味。内墙、天花、地面构成了一个以形呈现的人类环境。哪些是造型的因素和形式，是我们眼睛能够看到，我们的心灵可以衡量的？室内环境的写生正是感受造型形式的捷径，同时能锻炼我们表现造型美的能力(图 4.38)。

图 4.38 室内环境示例图

室内环境写生对象的空间尺度较大,应着重在取景、构图上进行分析研究;准确地把握室内环境各部位的尺度、比例及透视变化,尤其要重视视平线在画面中的作用(图 4.39)。同时由于光源复杂,明暗层次较丰富,所以色调的处理也较重要,但要适当简化。表现技法也随着室内环境的各部位质感差异而有所不同。

1) 观察分析

餐厅有两个主灭点A和B,客厅由于平面非矩形有另外两个灭点C和D(如图 4.39 所示)。

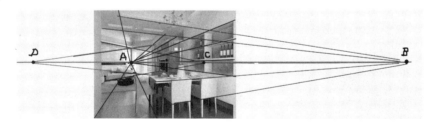

图 4.39 室内环境的灭点

2) 构图布局

构图可以从以下三种不同角度进行表现。

(1) 从一点透视的角度表现。

(2) 从二点透视,一灭点在画内,另一灭点在画外的角度表现。

(3) 从二点透视,二灭点都在画外的角度表现。

在选择视点角度时,要考虑景观所有特点,适当地把它们安排在画内,因为室内距离有一定的局限,使视角与画面表现都受到限制,所以作画时要注意与物象保持足够远的距离,避免看景物时上下左右摇头的情况出现(图 4.40)。

图 4.40 作画时,要与物象保持足够的距离

3) 勾出轮廓及内部结构

可以从餐桌、壁橱的透视灭点中找出视平线的高低位置,然后按比例根据灭点定出天棚、椅子、影视墙等透视变化,再定出各部位长、宽、高的比例,接着进行上下、左右相互比较、检查,在不断调整中画出大体形,进一步画出轮廓及结构(图 4.41)。

4) 画大体明暗

室内以顶部的光线为主,兼有较强的逆光。通过特定光源的照射,可看到客厅的落地窗较亮,两侧较暗,木地面略有倒影和反光,按照这样的特征用相互比较的方法,分出大的块面、色调及深浅层次(图 4.42)。

图 4.41 画出轮廓及结构

图 4.42　画大体明暗

5) 深入刻画和进行调整

在深入描绘中，涂色调时不宜一下子画得过深，需要在不断比较中逐步加深。同时注意层次感和虚实关系。餐厅的桌椅、壁橱是表现的主要部分，要加强，并应深入细致地描绘，加强两侧的深度及地面与右侧前面柱子的描绘。客厅的落地窗，应画得虚一些，顶棚要画得简洁些。

以上步骤都是相互联系、相互依存的，必须统观全局，局部服从整体，避免各局部之间彼此孤立，缺乏整体感。只有比较才能体现出色调的差别变化，表达出相互间的空间关系，只要表达出大体色调关系，并且有一定的层次深度就可以了，避免过分深入，致使画面支离破碎，灰暗沉闷。最后经过调整完成画幅(图 4.43)。

图 4.43　居家室内表现(炭笔、铅笔)　张军

2. 建筑外观

从不同的距离观察，建筑的外观形象可分为三个层次，第一层次是宏观外部造型，也就是远距离欣赏这个建筑时，看不清建筑是什么风格，甚至看不清什么颜色，这时所能识别的只是宏观的天际轮廓线。世界上著名的建筑比如澳大利亚悉尼歌剧院，中国的天坛，巴黎的埃菲尔铁塔，凯旋门，其天际轮廓线都非常独特；第二层次是走到建筑的近前，欣赏其立面设计风格，欧式还是中式，古典还是现代，以及颜色、材质的对比，横线条还是竖线条；第三层是建筑的细部，比如在自家花园里、建筑入口处或阳台上，这时所关注的是建筑与人亲密接触、对话层面的元素，如栏杆、扶手、台阶、花篮、吊灯、帖瓦、材质、肌理，可以说是装修层面上的内容。

【案例分析】

图 4.44 所示木楼为苗族居住建筑。苗族人民修建了人居其上、牛羊猪畜居其下的全木或木竹结构的干栏。以杉树皮遮盖屋顶或以木条夹压屋顶以及吊脚楼，是苗族建筑的显著特点。本图着重强调了屋山和近景的吊脚，远处虚化。结构交代明确，松紧适度，近景的树木和围墙虚化，形成疏密对比，突出主题，增加了画面处理的艺术性。

图 4.44　木楼的表现

图 4.45 所示为画家吕贝克的速写，很好地展现了建筑的天际轮廓线。

图 4.45　建筑天际轮廓线的表现

4.2.3 建筑与环境写生

欣赏下面的建筑写生实例(图 4.46～图 4.51)。

图 4.46 小巷(炭笔) 张军

图 4.47 街景(铅笔) 佚名

图 4.48　流水别墅(炭笔)　张军

> 【知识链接】

　　流水别墅是现代建筑的杰作之一,它位于美国匹兹堡市郊区的熊溪河畔,由 F·L·赖特设计。别墅共三层,以二层(主入口层)的起居室为中心,其余房间向左右铺展开来,别墅外形强调块体组合,使建筑带有明显的雕塑感。两层巨大的平台高低错落,一层平台向左右延伸,二层平台向前方挑出,几片高耸的片石墙交错着插在平台之间,很有力度。溪水由平台下怡然流出,建筑与溪水、山石、树木自然地结合在一起，如同是由地下生长出来的一般。流水别墅在空间的处理、体量的组合及与环境的结合上均取得了极大的成功，为有机建筑理论作了确切的注释，在现代建筑历史上占有重要地位。这幅作品以轻松、流畅的笔调诠释了建筑与环境和谐共生、浑然一体的关系，创造出自然、优美的艺术气氛，体现了表现手法与表现内容高度统一的绘画原则。

图 4.49 小码头(签字笔) 张军

图 4.50 西递村速写(签字笔) 耿庆雷

图 4.51　水乡　佚名

4.2.4　主观表现方法

1. 形体的分析与归纳

实例一：苏州拙政园"与谁同坐轩"——扇形特征(图 4.52～图 4.54)。

图 4.52　与谁同坐轩

 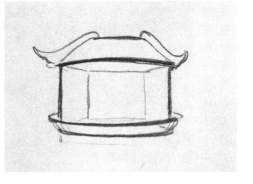

图 4.53　强化建筑的扇形特征(一)　　　图 4.54　强化建筑的扇形特征(二)

实例二：山东淄博四世宫保牌坊(图 4.55～图 4.58)。

该古建筑有着十分繁琐的建筑细节，构成了一定的疏密节奏，可提炼表现，不必一一画出(图 4.56～图 4.58)。

图 4.55　山东淄博　四世宫保牌坊　　　　图 4.56　十分繁琐的建筑细节

图 4.57　轮廓按比例表现，细节概括表现(一)　　图 4.58　轮廓按比例表现，细节概括表现(二)

【案例分析】　轮廓按比例表现，细节概括表现，仍能得建筑物之神韵。

2. 形式因素的提炼感受

欣赏作品如图 4.59、图 4.60 所示。

图 4.59　形体的节奏(炭笔)　张军

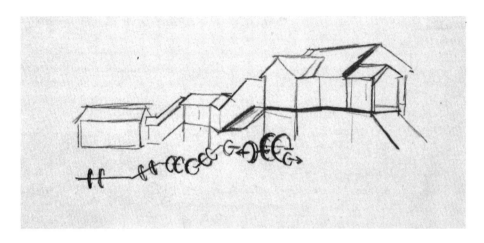

图 4.60　形体因素的提炼

本章小结

　　本章要解决的是观察方法和表现基本技能的问题。观察方法，整体观念是核心，只有整体性的观察才能有整体性的表现，任何形体的表现一旦失去整体性必然会导致紊乱，失去各个构成部分之间协调而有机的联系。整体表现的实质是对造型内在秩序的追求，不仅能使我们具备准确的表现能力，更能提高我们对造型审美意义的追求。

　　基本技能方面，比例、结构是必须掌握的，透视规律的运用对于建筑物的表现尤其重要，必须完全理解和掌握。

附例1　植物画法

附例1.1　铅笔笔触表现

附例1.2　树干画法

附例1.3 树干与树叶分组画法　　附例1.4 树叶分组表现

附例1.5 树叶分组表现　　附例1.6 大叶树木表现

附例1.7 不同树木的表现　　　　　　附例1.8 大叶树木表现

附例2　建筑细节画法

附例2.1 房屋局部表现

附例 2.2　建筑构件的表现　　　　附例 2.3　建筑构件的表现

附例 2.4　建筑物外观表现

附例3　房屋画法步骤示意

附例3.1　直线打轮廓

附例3.2　局部形体刻画

附例 3.3　整体明暗关系刻画

附例 3.4　细节深入刻画，调整整体完成

综合实训

1. 几何体线描、调子素描练习。
2. 建筑构件的写生练习。
3. 室内空间写生练习。
4. 建筑与环境写生练习。

实训练习数量、课时分配、内容等由任课教师根据自己的教学要求确定。

第5章 构想与表现——创意表现训练

教学目标

通过课程学习,了解与设计素描紧密联系的创意表现知识,培养创造性思维能力,并且强化创新表现的意识和方法,从而将其合理地运用到设计素描中去。

教学要求

能力目标	知识要点	相关知识
拓展思路	从感性思维到理性思维	对事物的认知过程
创意思维方法	认知元素的打散、整合、重构	
创意思维表现	五大基本变形法则	抽象思维的训练

引 例

引例图　自行车表现图

这是两张自行车表现图。他们分别使用了什么思维表现手法？这种思维方式对设计有什么作用？

创意表现从字面上可以笼统地划分为创意和表现两点。

什么是创意？三国时，魏人张揖所著《广雅》一书中指出：创，始也。创造力是每个人与生俱来的，是在人们改造客观世界的过程中表现出来的一种能力。创意就是带有这种能力的思维和意念。而表现就是把内在的主观世界状况(如情感、想象、理想、幻想等)直接表达出来。

我们一般认为感性思维是指从片面混沌认识到清晰感性认识的整理过程。在这个过程中我们对外界的认识首先是建立在感觉基础上的，片面而混沌的认识，此时的认识描述只是断裂的、受限的认知；之后进入理性的逻辑整理阶段(并非理性思维)，对所定义的认识片段进行联系定义，并以此作为认识参照，之后再对所确立的联系进行整合；最后建立理性思维。

感性思维是指有明确的思维方向，有充分的思维依据，能对事物或问题进行观察、比较、分析、综合、抽象与概括的一种思维。是一种建立在证据和逻辑推理基础上的思维方式。

从感性思维到理性思维的过程就是我们对事物的认知过程；就是从认知，到理解，到再创造的一个过程；就是由具体到抽象，再到具体，再到抽象，最后回归具体的过程，如图5.1所示。

具体讲就是要对我们看到的具体形态进行认识，首先要进行归纳，与我们已有的知识进行对比，也就是图5.1所讲到的抽象阶段；把物体抽象、归纳后必然与现实中的具体事物一一对照，这就是再具象的过程，也就是扩展阶段；对我们要认知的事物有了初步认识以后就进入了分析阶段，把这个事物打散、整合、加入新的元素以及我们的思想；最后将所有的元素重组，还原到一个具象的形态上面来，也就是我们的设计草图或者设计素描作品(图5.2～图5.4)。

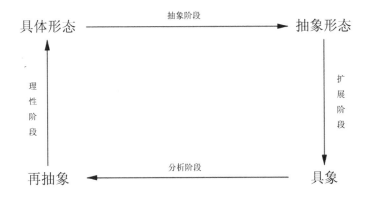

图 5.1 从感性思维到理性思维的过程

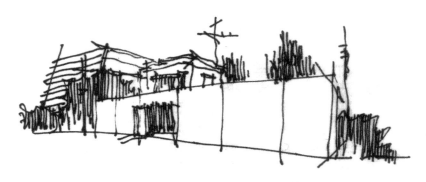

图 5.2 建筑设计草图(一) 曹子昂

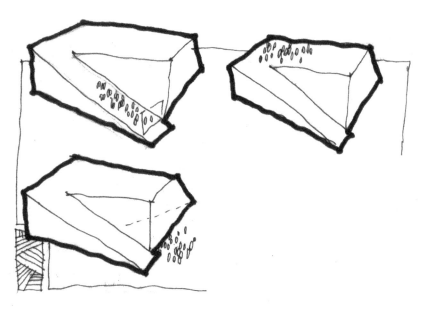

图 5.3 建筑设计草图(二) 曹子昂

图 5.4　建筑绘画　曹子昂

由此可见，绘画具有传达意义及信息的作用，那我们就可以围绕"意义"进行各种探索。画面除了能提供"正常"的情景和意义外，也可以提供"非正常"的情景和意义。正常的视觉情景，是人们常见的、毫无新意；非正常的视觉情景带有荒诞、离奇、矛盾的视觉元素，会使观看者如同进行一场视觉游戏一般，吸引着他们的视线并引发思考，这是由人的视觉心理所决定的。

所以进行设计素描的创意表现时，最高的境界是通过我们的作品，表达出或者体现出一种哲学的思考。黑格尔认为："艺术最终会走向哲学"，"哲学不是给予，而是唤醒。"超现实主义绘画大师契里科也曾经说过："通过绘画，审问习惯性的心理趋向，并建立探索本能的通道……似乎在我之前还没有谁思考过(指绘画)。"

我们在这里虽然不是着重讨论哲学绘画起源与社会基础，也不是要对绘画的各类表现语言作深入的研究，但是在创意表现时要将理性思考放在一个极其重要的位置上。而且，不能用传统的审美眼光来看待经过思考的作品。

在进行创意表现练习的时候，我们可以将其思维、表达方式粗略地划分为以下几种：①形体的虚构；②质感的转换；③形体的演变与组合；④空间的转换；⑤空间的虚构。

传统的艺术教育方式方法在这一章内不再适用，造型创造已经变成一种智慧的劳动，是想象和思考的结果。要达到这个结果就需要逆向思维、发散思维、向人们的习惯思维发出挑战。

5.1 形体的虚构

在进行形体虚构练习前,需要打破严格的焦点透视,摒弃我们的视觉习惯。要掌握一点:不准确的不一定不美,美的不一定是准确的。将物体扭曲化、平面化、夸张化,扩展艺术思维和审美能力,是我们在意象素描训练当中的首要任务(图5.5~图5.7)。

图5.5 建筑速写(一) 曹子昂

图 5.6 建筑速写(二) 曹子昂

图 5.7 建筑速写(三) 曹子昂

那什么是形体的虚构呢?

依据客观物象的外在造型特征,以虚拟情节、形状和环境等来改变客观物象常态的表现方式就是形体的虚构表达方式。

以虚拟的情节表现,就客观物象的实际存在进行新的调整和重置,使物象脱离原有的形象概念、比例特征和空间秩序的常态,达到质变、形变的演化,从而获得新颖的视觉刺激。对物象三度空间、质感、量感的如实描绘,不仅含有一般再现的意义,而且由于改变了自然造物法的配置,而成为物象性质趋于异变的关键,形成"虚构"意象真实而荒诞的双重视觉性质。

图 5.8 是对工具加以变形组合，形成动物形体与姿态的绘图练习；图 5.9 是对人体动态的虚构；图 5.10 是对建筑环境的虚构；图 5.11 是对想象中的生物体进行描绘。

图 5.8　用工具组成的螃蟹　曹子昂

图 5.9　人的动态简画　曹子昂

图 5.10　建筑速写(四)　曹予昂

图 5.11　脑中的幻想生物　曹予昂

5.2 质感的转换

在现实世界里每个事物都有其固定的物理属性，我们进行艺术创作时就是要突破物体原有的质地概念，把物体原有的质地转化成另一种质地，例如：把素描训练用的正方体、多面体的石膏材质，在不过多改变物体形态的前提下，转化成玻璃、金属、木头等质地。质感的转换在设计素描中运用得恰当，能使作品具有别开生面、耳目一新之感。

在创作时可以灵活运用以下几种转换手法：一是改变物体自身的原始或常见物理属性(如液体、气体、固体等)；二是改变客观世界的物理属性(如取消万有引力、增加气体重量等)；三是改变物体的正常数量、体积；四是让事物按照非常规的逻辑发展，如图 5.12～图 5.15 所示。

图 5.12　漂浮的城堡　马格利特[比利时]

图 5.13　漂浮的奶牛　佚名

图 5.14　创意素描—水龙头　学生作品

图 5.15　创意素描—金属苹果

(摘自《实用工业造型设计技法》)

图 5.12 是马格利特作品，图中将岩石的质量抽空，仿佛气体一般，悬挂在空中；图 5.13 是一幅现代摄影作品，牛的重量也被忽略了，变成一个平面而被高高挂起；图 5.14 表现的是一个水龙头如同抽去重量一般，轻轻地飘在空中；图 5.15 表现的则是一个苹果被作者改变成金属质地。

【知识链接】

雷内·马格利特(Rene Magritte)(1898—1967)是比利时的超现实主义画家，画风带有明显的符号语言，如《戴黑帽的男人》、《迷失的骑师》。他影响了当今许多插画的风格。

5.3 形体的演变与组合

我们在表现一个物体的时候有多种多样的形式，可能是具象的、写实的，比如我们常见到的明暗素描；也可能是抽象的、神似的，比如表现主义素描、草图以及中国传统绘画，特别是写意画。中国传统绘画中的装饰意味、多点表现等风格，都是我们值得发扬的(图 5.16、图 5.17)。

图 5.16　竹　(摘自《芥子园画谱》)

图 5.17　兰　(摘自《芥子园画谱》)

设计素描与传统的明暗素描相比，其中的一个特点就是用尽量少的线条，表达出事物的精髓，并且这种表达要使作品带有鲜明的个性。正如柏林艺术大学罗尔茨(H.Lortz)教授所讲的"以最简单的、最准确的线条来表现你的设计思想"。

要使素描个性鲜明，必然要对表现的对象有所了解，并且抓住实质性的东西，也就是骨架；对于辅助性的外廓，可以适当地将其打散、整合、重构。比如，我们在绘制建筑速写时，只要把握住其主要的特征，对外形适当地概括、变形，往往会得到意想不到的效果，如图 5.18、图 5.19、图 5.20 所示。

图 5.18　皖西建筑速写(一)　曹子昂

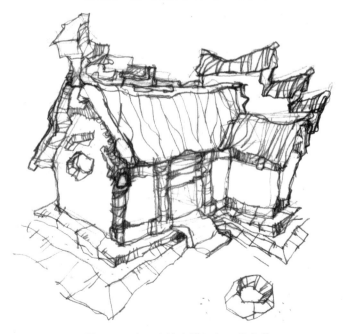

图 5.19　皖西建筑速写(二)　曹子昂

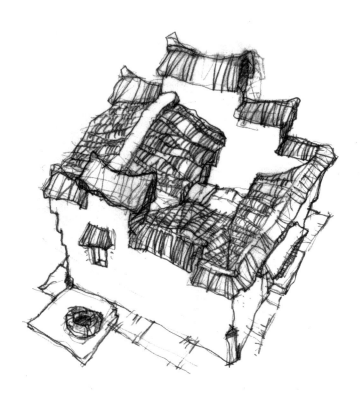

图 5.20　皖西建筑速写(三)　曹子昂

  【知识链接】

徽派建筑：徽派建筑是中国古建筑最重要的流派之一，它的工艺特征和造型风格主要体现在民居、祠庙、牌坊和园林等建筑实物中。

徽派古建筑以砖、木、石为原料，以木构架为主，集徽州山川风景之灵气，融风俗文化之精华，风格独特，结构严谨，雕镂精湛，不论是村镇规划构思，还是平面及空间处理、建筑雕刻艺术的综合运用都充分体现了鲜明的地方特色。尤以民居、祠堂和牌坊最为典型，被誉为"徽州古建三绝"，为中外建筑界所重视和叹服。它在总体布局上，依山就势，构思精巧，自然得体；在平面布局上规模灵活、变幻无穷；在空间结构和利用上，造型丰富、讲究韵律美，以马头墙、小青瓦最有特色；在建筑雕刻艺术的综合运用上，融石雕、木雕、砖雕为一体，被称为"徽州三雕"，显得富丽堂皇。

在写生中运用到的技法，在设计中同样适用。比如建筑结构可以用几何模块概括，建筑师在设计初期，处于草图绘制阶段时，对于将要设计的物体就可以用概括的方式表达出来，然后通过不断地深化、细化，最终得到一个较为清晰的形态。

图 5.21 表现的是某室内设计方案阶段，草图与最终方案图。

图 5.22、图 5.23 为建筑设计时绘制的建筑外立面设计方案。

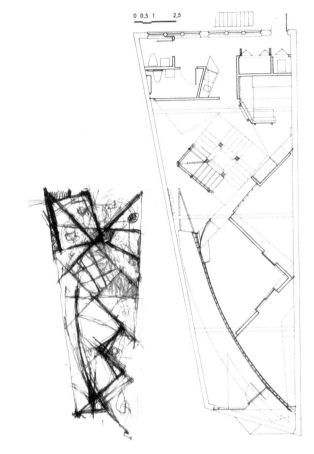

图 5.21　建筑草图及完成平面　曹子昂

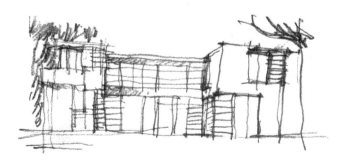

图 5.22　建筑草图(一)　曹子昂

图 5.23　建筑草图(二)　曹子昂

图 5.24 为某三层建筑立面改造时所绘制的草图。图中舍弃了与表现主体无关的细节,着重描绘了建筑立面的三个块体之间的前后关系与表面纹理。图 5.25 为某建筑设计思路及其过程,表现的是如何从一个物体慢慢的通过切割、叠加,最后呈现一个较为完整的建筑形态的过程。

图 5.24　建筑草图(三)　曹子昂　　　　图 5.25　建筑草图(四)　曹子昂

图 5.26、图 5.27、图 5.28 为学生进行形体演变与组合时的作业,生动的画面表现出学生充满活力的想象力。

图 5.26　创意素描作品——钢琴变形　学生作品

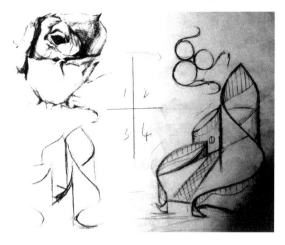

图 5.27　创意素描作品——玫瑰变形　　学生作品

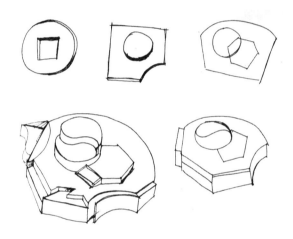

图 5.28　创意素描作品——钱币变形　　学生作品

5.4　空间的转换

  由于我们眼球的特殊构造以及透视的原因，在视野范围的边缘，或多或少会产生一些形变。这些形变在表现时有多种处理手法，可以运用一点透视或两点透视直接客观地表达，也可以运用中国传统绘画散点透视的方法去弱化，还可以适当变形透视，夸张地表现出来或者用其他的表现形式表达。

  前几章已经对传统的透视做了较为详细的介绍，这里要解释什么是散点透视。中国绘画和西方绘画一样都讲求画面的透视效果，所不同的是西方画家的透视是焦点透视，也就是说，画中只有一个视点(即人的视角)和一个消失点(两点透视有两个消失点)，这是符合人类观察自然界的实际状况的。而中国传统绘画并非如此，它有许多个消失点，画面中，画家的视角是随意移动的，因而产生了多个消失点，这叫作散点透视。这样，画家可以打破时间和空间的局限，从多个角度描绘客观景物。

就好像画家和欣赏者坐在船上，景物随着船的移动而移动。如图 5.29 所示。

最典型的就是北宋张择端的《清明上河图》。在中国传统山水画中，这种表现还是比较普遍的。

图 5.29　归来鸦雀图　（摘自《芥子园画谱》）

由于儿童对外界认识不足，他们所画的基本上都是属于散点透视和无透视(图 5.30)，但是极具趣味性。随着对世界的了解逐步加深、对透视关系有所了解，我们慢慢地就失去了"童心"，绘画也越来越同质化，最后失去了灵气，失去了趣味。

图 5.30　儿童画——快餐　佚名

图 5.30 充分显示出儿童画具有的特殊趣味，孩子们把本来没有眼睛的静物全部画上了眼睛。图中既展示了儿童特殊的想象力，又可以看到没有常见美术作品中的前后透视关系，具有特殊的空间美感。

在空间变形中还有一种是变形透视，是指任何一个三维物体被记录在两维平面上时，必然会产生变形。当视野的覆盖角度扩大时，透视的延长线会加剧向地平线会聚，由于近景变大，使纵深感得到加强，因而产生形变。一点透视与变形透视的关系可以用图 5.31 粗略地表示出来。

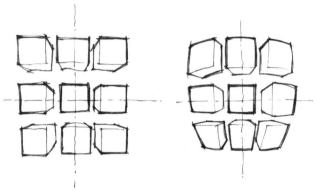

图 5.31 变形透视示意

这类变形类似鱼类眼睛看到的事物，也被称为鱼眼变形或者球面变形。此类作品中最为著名的就是埃舍尔的自画像《手与反射球》(图 5.32)。图 5.33 为埃舍尔立体结构空间分析草图。

图 5.32 手与反射球　埃舍尔[荷兰]

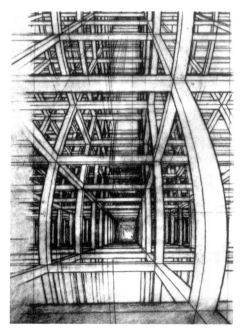

图 5.33 立体结构空间分析草图　埃舍尔[荷兰]

【知识链接】

M.C.埃舍尔(Maurits Cornelis Escher) (1898—1972)，荷兰画家，其作品包含了不少数学内容，有无限、对称、不可能物件、密铺平面和多面体等。

图 5.34 是学生在进行时空转换练习时的作业，在空间转换的同时加入了时间概念，即书本翻动的过程，强调了时间和空间的不可分割性。一幅简单的绘画作品加入了深刻的哲学思考，画面生动，且耐人寻味。

图 5.34　创意素描作品——书本变形　　学生作品

5.5　虚构的空间

所谓虚构空间，是指一个在想象中的空间，是不受地域、时间限制的。如本章开头所讲，一切虚拟的形态最终以一个实体的形态呈现在我们的作品中，被人们所感知。

我们在构图的时候要突破常规素描的局限性，求满、求险、求偏，在画面空间上有出人意料的效果。在表现形态的时候要充分发挥自己的想象力，把一切可能性都考虑到画面里去。

比如图 5.35，安格尔《瓦平松的浴女》还原图，我们在进行联系的时候，就可以适当模拟画家作画的环境和场景，拓展自己的思路。

图 5.36、图 5.37、图 5.38 突破了我们常见的空间概念，将多个空间加以混合，创造出奇特的视觉效果。

图 5.35　瓦平松的浴女场景还原图　曹子昂　　　图 5.36　国外禁烟广告　佚名

图 5.37　创意素描作品—你有新邮件　曹子昂　　图 5.38　创意素描作品—无题　曹子昂

　　图 5.39 为学生作品，用字母代替了常见的线条和块面，表现空间的物体，非常切合"空间"这一主题。

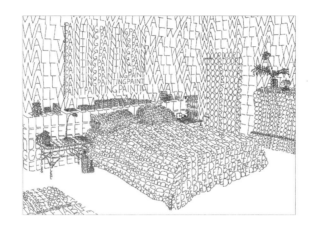

图 5.39 创意素描作品——空间 学生作品

图 5.40、图 5.41、图 5.42 为学生作业，前两幅是贝壳变形，后一幅为月亮变形，三幅图表现的是形态与虚拟空间的关系以及转化过程。

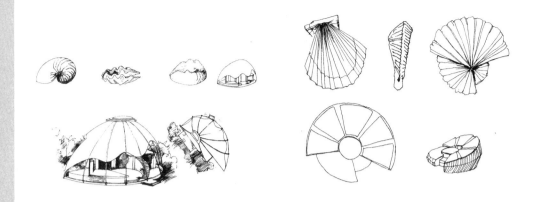

图 5.40 创意素描作品——贝壳变形(一)　学生作品　　图 5.41 创意素描作品——贝壳变形(二)　学生作品

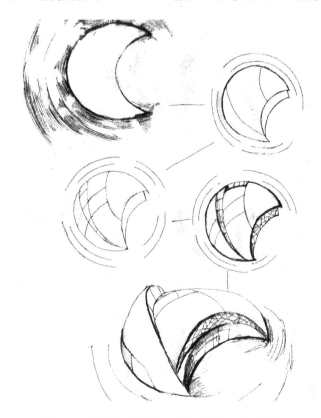

图 5.42 创意素描作品——月亮变形　学生作品

  有的人以为，现代艺术中的时空观是在爱因斯坦相对论的基础上发展起来的，有一定的道理。但是，这类探索在我们古代的岩画、壁画中早有体现，并且是时空并置的画面。比如：敦煌壁画中的《讲经图》时空并置，产生了惊奇的效果。

  在进行这类练习时，可以采取图片拼贴的方法。因为越是真实的空间，越容易产生戏剧的效果，过多的变形反而削弱了画面的表现力。这类作品中比较著名的有霍克尼(Hockney)的摄影拼贴作品(图 5.43、图 5.44)。

图 5.43　摄影拼贴作品(一)　霍克尼[英]　(摘自《Flickr》)

图 5.44　摄影拼贴作品(二)　霍克尼[英]　(摘自《Flickr》)

作者霍克尼用各个不同角度拍摄的照片,反复拼贴、并置,强调照片与照片之间的界限,取得一种新颖、特殊的图式,冲击人们的视觉。图 5.45、图 5.46 是在霍克尼摄影基础上发展起来的霍克尼风格的摄影作品。

图 5.45　霍克尼风格摄影作品(一)　　　　　　图 5.46　霍克尼风格摄影作品(二)
Isaac Leedom　　（摘自《Flickr》）　　　　　　scotty　　（摘自《Flickr》）

以上作品可以通过照片冲洗、复印、电脑修改等方法辅助完成。

【知识链接】

大卫·霍克尼(David Hockney)1937 年出生在英国，其作品主要是视觉艺术的范畴，包含了绘画、摄影、舞台艺术等。他在摄影中大量运用蒙太奇(Photomontage)拼贴创作，在摄影界当中被称为霍克尼风格(Hockney Style)。

【实例参考】

从图 5.47 到图 5.57 为创意表现在实际工程或说明文件中的应用。

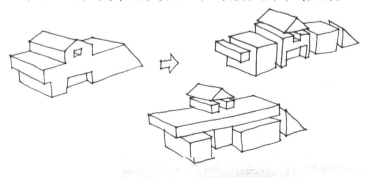

图 5.47　分析草图

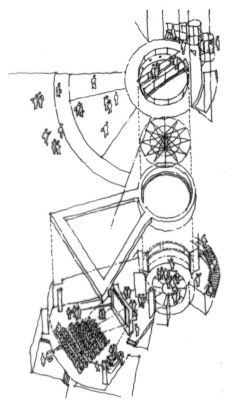

图 5.48 建筑轴测分析草图　曹子昂

图 5.49 建筑装饰草图(一)　曹子昂

第 5 章　构想与表现——创意表现训练

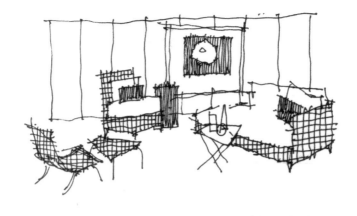

图 5.50　建筑装饰草图(二)　曹子昂

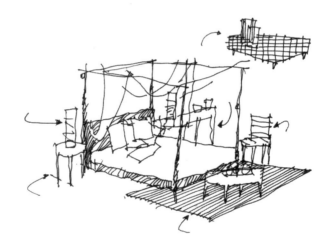

图 5.51　建筑装饰草图(三)　曹子昂

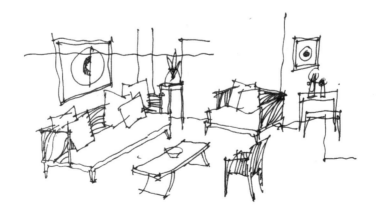

图 5.52　建筑装饰草图(四)　曹子昂

图 5.53 建筑草图(一) 曹子昂

图 5.54 建筑草图(二) 曹子昂

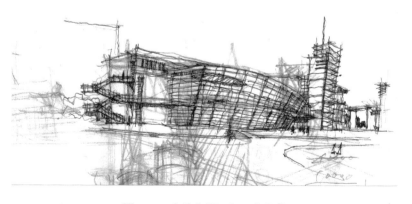

图 5.55 建筑草图(三) 曹子昂

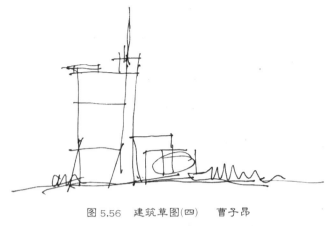

图 5.56 建筑草图(四) 曹予昂

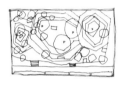  
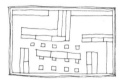 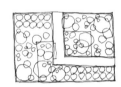 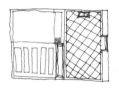

图 5.57 建筑环境草图 曹予昂

【案例分析】

图 5.58 表现的是石膏体的重量被抽空，如气球般飘浮在空中。

图 5.58 创意素描作品——漂浮的石膏体 学生作品

图 5.59 表现的是一个具象——鱼，如何一步步被艺术化，最后变为图案的过程，表现的是创意的过程。图 5.60 是贝壳变化的过程。

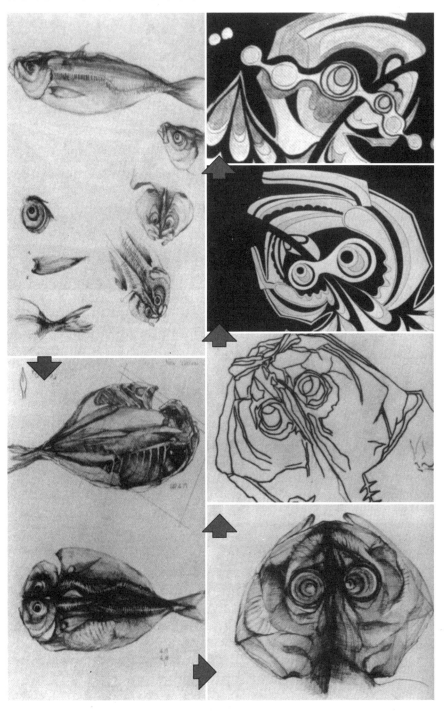

图 5.59　创意素描作品—鱼　　佚名

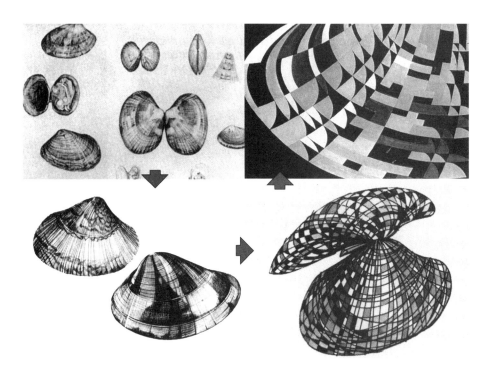

图 5.60　创意素描作品——贝壳变形　学生作品

图 5.61 是辣椒的创意表现素描。

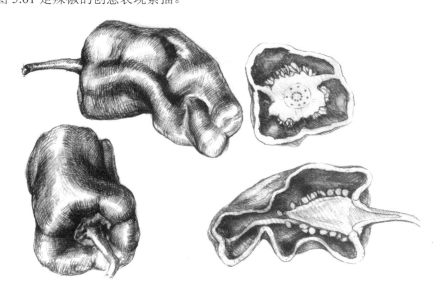

图 5.61(a)　创意素描作品——辣椒　佚名

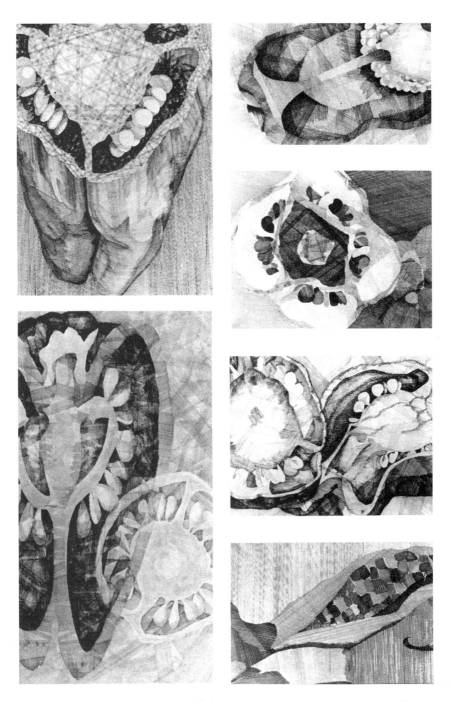

图 5.61(b) 创意素描作品——辣椒 佚名

图 5.62 为洋葱的创意表现素描。两幅图,第一幅表现的是洋葱的具体形态,第二幅表现的是图案化的洋葱切片。

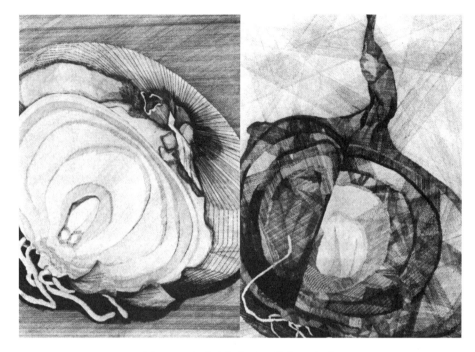

图 5.62 创意素描作品——洋葱 佚名

图 5.63 为卷心菜的创意表现素描。两幅图，第一幅表现的是卷心菜的具体形态，第二幅表现的是图案化的卷心菜切片。

图 5.63 创意素描作品——卷心菜切片 佚名

本章小结

本章要解决的是创意表现中的两大基本问题。

首先，要了解创意表现最终的目的是为了拓展思路，将自己的设计思想，用设计素描的形式完全表达出来。其次，通过训练，熟练掌握各种设计素描表现形式。

综合实训

利用自己比较熟悉的创意表现手法,对教师指定的物品(如石膏体、瓜果蔬菜、文具等)进行创意表现。

利用自己比较熟悉的创意表现手法,对教师指定的人物(历史人物、著名人物或身边同学)进行创意表现。

利用自己比较熟悉的创意表现手法,对教师指定的建筑(历史建筑、著名建筑、熟悉的建筑)进行创意表现。

附录 作品欣赏

附图1 列宾美术学院学生作品

附图2　列宾美术学院学生作品

附图 3 列宾美术学院学生作品

附图 4　列宾美术学院学生作品

附图5　列宾美术学院学生作品

附图6 列宾美术学院学生作品

附图 7　列宾美术学院学生作品

附图 8　列宾美术学院学生作品

附图 9　列宾美术学院学生作品

附图10　列宾美术学院学生作品

附图 11 列宾美术学院学生作品

附图12　列宾美术学院学生作品

附图 13　列宾美术学院学生作品

附图 14　列宾美术学院学生作品

附图 15　列宾美术学院学生作品

附图 16　列宾美术学院学生作品

附图 17　列宾美术学院学生作品

附图18 列宾美术学院学生作品

附图19 列宾美术学院学生作品

附图20　列宾美术学院学生作品

附图 21 列宾美术学院学生作品

附图 22　列宾美术学院学生作品

附图 23　蔡永杰作品

附图 24　李春富作品

附图 25 罗斌作品

参 考 文 献

[1] 史峰. 素描基础[M]. 山东：山东大学出版社，2000.
[2] 吴昊. 建筑素描[M]. 陕西：陕西人民出版社，1990.
[3] 周家柱. 建筑素描技法[M]. 广东：华南理工大学出版社，2002.
[4] 华炜. 设计素描[M]. 湖北：华中科技大学出版社，2006.
[5] 张立学. 设计素描[M]. 湖北：湖北美术出版社，2006.
[6] 黄作林. 设计素描[M]. 重庆：重庆大学出版社，2005.
[7] 林家阳. 设计素描[M]. 北京：高等教育出版社，2005.
[8] 赵慧宁. 设计透视[M]. 广西：广西美术出版社，2003.
[9] 蒲新成. 绘画与透视[M]. 湖北：湖北美术出版社，2007.
[10] 段邦毅. 空间构成与造型[M]. 北京：中国电力出版社，2008.
[11] 吴宪生. 素描教学新论[M]. 安徽：安徽美术出版社，1991.
[12] 周若兰. 素描[M]. 北京：建筑工业出版社，2004.
[13] 何伟. 硬笔风景技法[M]. 上海：同济大学出版社，2008.
[14] 刘天民. 树的素描[M]. 北京：建筑工业出版社，2001.
[15] 辛克靖. 中国少数民族建筑艺术画集[M]. 北京：建筑工业出版社，2008.
[16] 杨义辉. 风景素描表现[M]. 上海：同济大学出版社，2007.

北京大学出版社高职高专土建系列规划教材

序号	书名	书号	编著者	定价	出版时间	印次	配套情况	
基础课程								
1	工程建设法律与制度	978-7-301-14158-8	唐茂华	26.00	2012.7	6	ppt/pdf	
2	建设工程法规	978-7-301-16731-1	高玉兰	30.00	2012.8	10	ppt/pdf/答案/素材	★
3	建筑工程法规实务	978-7-301-19321-1	杨陈慧等	43.00	2012.1	3	ppt/pdf	★
4	建筑法规	978-7-301-19371-6	董伟等	39.00	2012.4	2	ppt/pdf	★
5	AutoCAD 建筑制图教程(第2版)	978-7-301-21095-6	郭 慧	35.00	2013.1	1	ppt/pdf/素材	★
6	AutoCAD 建筑绘图教程	978-7-301-19234-4	唐英敏等	41.00	2011.7	2	ppt/pdf	★
7	建筑CAD项目教程(2010版)	978-7-301-20979-0	郭 慧	38.00	2012.9	1	pdf/素材	
8	建筑工程专业英语	978-7-301-15376-5	吴承霞	20.00	2012.11	7	ppt/pdf	
9	建筑工程制图与识图	978-7-301-15443-4	白丽红	25.00	2012.8	8	ppt/pdf/答案	★
10	建筑制图习题集	978-7-301-15404-5	白丽红	25.00	2012.4	6	pdf	
11	建筑制图(第2版)	978-7-301-21146-5	高丽荣等	29.00	2012.11	1	ppt/pdf	★
12	建筑制图习题集	978-7-301-15586-8	高丽荣	21.00	2012.4	5	pdf	
13	建筑工程制图(第2版)(含习题集)	978-7-301-21120-5	肖明和	48.00	2012.8	1	ppt/pdf	
14	建筑制图与识图	978-7-301-18806-4	曹雪梅等	24.00	2012.2	4	ppt/pdf	★
15	建筑制图与识图习题册	978-7-301-18652-7	曹雪梅等	30.00	2012.1	3	pdf	★
16	建筑构造与识图	978-7-301-14465-7	郑贵超等	45.00	2012.9	11	ppt/pdf/答案	
17	建筑制图与识图	978-7-301-20070-4	李元玲	28.00	2012.8	2	ppt/pdf	
18	建筑制图与识图习题集	978-7-301-20425-2	李元玲	24.00	2012.3	2	pdf	
19	建筑工程应用文写作	978-7-301-18962-7	赵立等	40.00	2012.6	2	ppt/pdf	
20	建筑工程专业英语	978-7-301-20003-2	韩薇等	24.00	2012.1	1	ppt/pdf	★
21	建设工程法规	978-7-301-20912-7	王先恕	32.00	2012.7	1	ppt/pdf	
22	新编建筑工程制图	978-7-301-21140-3	方筱松	30.00	2012.8	1	ppt/pdf	★
23	新编建筑工程制图习题集	978-7-301-16834-9	方筱松	22.00	2012.9	1	pdf	
24	建筑构造	978-7-301-21267-7	肖 芳	34.00	2012.9	1	ppt/pdf	
施工类								
25	建筑工程测量	978-7-301-16727-4	赵景利	30.00	2012.8	7	ppt/pdf/答案	★
26	建筑工程测量	978-7-301-15542-4	张敬伟	30.00	2012.4	8	ppt/pdf/答案	★
27	建筑工程测量	978-7-301-19992-3	潘益民	38.00	2012.2	1	ppt/pdf	★
28	建筑工程测量实验与实习指导	978-7-301-15548-6	张敬伟	20.00	2012.4	7	pdf/答案	
29	建筑工程测量	978-7-301-13578-5	王金玲等	26.00	2011.8	3	pdf	
30	建筑工程测量实训	978-7-301-19329-7	杨凤华	27.00	2012.4	2	pdf	★
31	建筑工程测量(含实验指导手册)	978-7-301-19364-8	石 东等	43.00	2012.6	2	ppt/pdf/答案	★
32	建筑施工技术	978-7-301-12336-2	朱永祥等	38.00	2012.4	7	ppt/pdf	
33	建筑施工技术	978-7-301-16726-7	叶 雯等	44.00	2012.7	4	ppt/pdf/素材	★
34	建筑施工技术	978-7-301-19499-7	董伟等	42.00	2011.9	2	ppt/pdf	★
35	建筑施工技术	978-7-301-19997-8	苏小梅	38.00	2012.1	1	ppt/pdf	★
36	建筑工程施工技术(第2版)	978-7-301-21093-2	钟汉华等	48.00	2012.10	1	ppt/pdf	★
37	基础工程施工	978-7-301-20917-2	董伟等	35.00	2012.7	1	ppt/pdf	
38	建筑施工技术实训	978-7-301-14477-0	周晓龙	21.00	2012.4	5	pdf	
39	房屋建筑构造	978-7-301-19883-4	李少红	26.00	2012.1	2	ppt/pdf	
40	建筑力学	978-7-301-13584-6	石立安	35.00	2012.2	6	ppt/pdf	
41	土木工程实用力学	978-7-301-15598-1	马景善	30.00	2012.1	3	pdf/ppt	★
42	土木工程力学	978-7-301-16864-6	吴明军	38.00	2011.11	2	ppt/pdf	★
43	PKPM 软件的应用	978-7-301-15215-7	王 娜	27.00	2012.4	4	pdf	★
44	工程地质与土力学	978-7-301-20723-9	杨仲元	40.00	2012.6	1	ppt/pdf	
45	建筑结构	978-7-301-17086-1	徐锡权	62.00	2011.8	2	ppt/pdf/答案	★
46	建筑结构	978-7-301-19171-2	唐春平等	41.00	2012.6	2	ppt/pdf	
47	建筑力学与结构	978-7-301-15658-2	吴承霞	40.00	2012.4	9	ppt/pdf/答案	★
48	建筑力学与结构	978-7-301-20988-2	陈水广	32.00	2012.8	1	pdf/ppt	
49	建筑材料	978-7-301-13576-1	林祖宏	35.00	2012.6	9	ppt/pdf	★
50	建筑结构基础	978-7-301-21125-0	王中发	36.00	2012.8	1	ppt/pdf	★
51	建筑结构原理及应用	978-7-301-18732-6	史美东	45.00	2012.8	1	ppt/pdf	★
52	建筑材料与检测	978-7-301-16728-1	梅 杨等	26.00	2012.4	7	ppt/pdf/答案	★
53	建筑材料检测试验指导	978-7-301-16729-8	王美芬等	18.00	2012.4	4	pdf	
54	建筑材料与检测	978-7-301-19261-0	王 辉	35.00	2012.6	2	ppt/pdf	
55	建筑材料与检测试验指导	978-7-301-20045-8	王 辉	28.00	2012.1	1	pdf	
56	建设工程监理概论(第2版)	978-7-301-20854-0	徐锡权等	43.00	2012.7	1	ppt/pdf/答案	
57	建设工程监理	978-7-301-15017-7	斯 庆	26.00	2012.7	5	ppt/pdf/答案	★
58	建设工程监理概论	978-7-301-15518-9	曾庆军等	24.00	2012.1	4	ppt/pdf	
59	工程建设监理案例分析教程	978-7-301-18984-9	刘志麟等	38.00	2011.7	1	ppt/pdf	★
60	地基与基础	978-7-301-14471-8	肖明和	39.00	2012.4	7	ppt/pdf/答案/教案	★
61	地基与基础	978-7-301-16130-2	孙平平等	26.00	2012.1	2	ppt/pdf	

序号	书名	书号	编著者	定价	出版时间	印次	配套情况	
62	建筑工程质量事故分析	978-7-301-16905-6	郑文新	25.00	2012.10	4	ppt/pdf	★
63	建筑工程施工组织设计	978-7-301-18512-4	李源清	26.00	2012.9	4	ppt/pdf	★
64	建筑工程施工组织实训	978-7-301-18961-0	李源清	40.00	2012.11	3	ppt/pdf	★
65	建筑施工组织与进度控制	978-7-301-21223-3	张廷瑞	36.00	2012.9	1	ppt/pdf	★
66	建筑施工组织项目式教程	978-7-301-19901-5	杨红玉	44.00	2012.1	1	ppt/pdf/答案	
67	生态建筑材料	978-7-301-19588-2	陈剑峰等	38.00	2011.10	1	ppt/pdf	
68	钢筋混凝土工程施工与组织	978-7-301-19587-1	高 雁	32.00	2012.5	1	ppt/pdf	
69	数字测图技术应用教程	978-7-301-20334-7	刘宗波	36.00	2012.8	1	ppt	
70	钢筋混凝土工程施工与组织实训指导(学生工作页)	978-7-301-21208-0	高 雁	20.00	2012.9	1	ppt	
71	建筑施工技术	978-7-301-21209-7	陈雄辉	39.00	2012.9	1	ppt	
工 程 管 理 类								
72	建筑工程经济	978-7-301-15449-6	杨庆丰等	24.00	2012.7	10	ppt/pdf/答案	★
73	建筑工程经济	978-7-301-20855-7	赵小娥等	32.00	2012.8	1	ppt/pdf	
74	施工企业会计	978-7-301-15614-8	辛艳红等	26.00	2012.2	4	ppt/pdf/答案	★
75	建筑工程项目管理	978-7-301-12335-5	范红岩等	30.00	2012.4	9	ppt/pdf	★
76	建设工程项目管理	978-7-301-16730-4	王 辉	32.00	2012.4	3	ppt/pdf/答案	★
77	建设工程项目管理	978-7-301-19335-8	冯松山等	38.00	2012.8	2	pdf/ppt	
78	建设工程招投标与合同管理(第2版)	978-7-301-21002-4	宋春岩	38.00	2012.8	1	ppt/pdf/答案/试题/教案	★
79	工程项目招投标与合同管理	978-7-301-15549-3	李洪军	30.00	2012.11	6	ppt	
80	建筑工程招投标与合同管理	978-7-301-16802-8	程超胜	30.00	2012.9	1	pdf/ppt	
81	工程项目招投标与合同管理	978-7-301-16732-8	杨庆丰	28.00	2012.4	5	ppt	★
82	建筑工程商务标编制实训	978-7-301-20804-5	钟振宇	35.00	2012.7	1	ppt	★
83	工程招投标与合同管理实务	978-7-301-19035-7	杨甲奇等	48.00	2011.8	2	pdf	★
84	工程招投标与合同管理实务	978-7-301-19290-0	郑文新等	43.00	2012.4	2	ppt/pdf	★
85	建设工程招投标与合同管理实务	978-7-301-20404-7	杨云会等	42.00	2012.4	1	ppt/pdf/答案/习题库	
86	工程招投标与合同管理	978-7-301-17455-5	文新平	37.00	2012.9	1	ppt/pdf	★
87	建筑施工组织与管理	978-7-301-15359-8	翟丽旻等	32.00	2012.7	8	ppt/pdf/答案	★
88	建筑工程安全管理	978-7-301-19455-3	宋 健等	36.00	2011.9	1	ppt/pdf	
89	建筑工程质量与安全管理	978-7-301-16070-1	周连起	35.00	2012.1	3	ppt/pdf/答案	
90	施工项目质量与安全管理	978-7-301-21275-2	钟汉华	45.00	2012.10	1	ppt/pdf	
91	工程造价控制	978-7-301-14466-4	斯 庆	26.00	2012.11	8	ppt/pdf	★
92	工程造价管理	978-7-301-20655-3	徐锡权等	33.00	2012.7	1	ppt/pdf	★
93	工程造价控制与管理	978-7-301-19366-2	胡新萍等	30.00	2012.1	1	ppt/pdf	
94	建筑工程造价管理	978-7-301-20360-6	柴 琦	27.00	2012.3	1	ppt/pdf	
95	建筑工程造价管理	978-7-301-15517-2	李茂英等	24.00	2012.1	4	pdf	
96	建筑工程计量与计价	978-7-301-15406-9	肖明和等	39.00	2012.8	10	ppt/pdf/答案/教案	★
97	建筑工程计量与计价实训	978-7-301-15516-5	肖明和等	20.00	2012.2	5	pdf	
98	建筑工程计量与计价——透过案例学造价	978-7-301-16071-8	张 强	50.00	2012.7	4	ppt/pdf	★
99	安装工程计量与计价	978-7-301-15652-0	冯 钢等	38.00	2012.9	8	ppt/pdf/答案	★
100	安装工程计量与计价实训	978-7-301-19336-5	景巧玲等	36.00	2012.7	2	pdf/素材	★
101	建筑与装饰装修工程工程量清单	978-7-301-17331-2	翟丽旻等	25.00	2012.8	3	pdf/ppt/答案	
102	建筑工程清单编制	978-7-301-19387-7	叶晓容	24.00	2011.8	1	ppt/pdf	★
103	建设项目评估	978-7-301-20068-1	高志云等	32.00	2012.1	1	ppt/pdf	★
104	钢筋工程清单编制	978-7-301-20114-5	贾莲英	36.00	2012.2	1	ppt / pdf	
105	混凝土工程清单编制	978-7-301-20384-2	顾 娟	28.00	2012.5	1	ppt / pdf	
106	建筑装饰工程预算	978-7-301-20567-9	范菊雨	38.00	2012.5	1	pdf/ppt	★
107	建设工程安全监理	978-7-301-20802-1	沈万岳	28.00	2012.7	1	pdf/ppt	★
108	建筑工程安全技术与管理实务	978-7-301-21187-8	沈万岳	48.00	2012.9	1	pdf/ppt	★
109	建筑工程资料管理	978-7-301-17456-2	孙 刚等	36.00	2012.9	1	pdf/ppt	

序号	书名	书号	编著者	定价	出版时间	印次	配套情况	
	建筑装饰类							
110	中外建筑史	978-7-301-15606-3	袁新华	30.00	2012.2	6	ppt/pdf	★
111	建筑室内空间历程	978-7-301-19338-9	张伟孝	53.00	2011.8	1	pdf	★
112	室内设计基础	978-7-301-15613-1	李书青	32.00	2011.1	2	ppt/pdf	
113	建筑装饰构造	978-7-301-15687-2	赵志文等	27.00	2012.11	5	ppt/pdf/答案	★
114	建筑装饰材料	978-7-301-15136-5	高军林	25.00	2012.4	3	ppt/pdf/答案	
115	建筑装饰施工技术	978-7-301-15439-7	王 军等	30.00	2012.11	5	ppt/pdf	★
116	装饰材料与施工	978-7-301-15677-3	宋志春等	30.00	2010.8	2	ppt/pdf/答案	★
117	设计构成	978-7-301-15504-2	戴碧锋	30.00	2012.10	2	ppt/pdf	
118	基础色彩	978-7-301-16072-5	张 军	42.00	2011.9	2	pdf	★
119	建筑素描表现与创意	978-7-301-15541-7	于修国	25.00	2012.11	3	pdf	★
120	3ds Max 室内设计表现方法	978-7-301-17762-4	徐海军	32.00	2010.9	1	pdf	
121	3ds Max2011 室内设计案例教程(第 2 版)	978-7-301-15693-3	伍福军等	39.00	2011.9	1	ppt/pdf	
122	Photoshop 效果图后期制作	978-7-301-16073-2	脱忠伟等	52.00	2011.1	1	素材/pdf	★
123	建筑表现技法	978-7-301-19216-0	张 峰	32.00	2011.7	1	ppt/pdf	
124	建筑速写	978-7-301-20441-2	张 峰	30.00	2012.4	1	pdf	★
125	建筑装饰设计	978-7-301-20022-3	杨丽君	36.00	2012.2	1	ppt/素材	
126	装饰施工读图与识图	978-7-301-19991-6	杨丽君	33.00	2012.5	1	ppt	
127	建筑装饰 CAD 项目教程	978-7-301-20950-9	郭 慧	32.00	2012.8	1	ppt/素材	
128	居住区景观设计	978-7-301-20587-7	张群成	47.00	2012.5	1	ppt	★
129	居住区规划设计	978-7-301-21013-4	张 燕	48.00	2012.5	1	ppt	★
130	园林植物识别与应用	978-7-301-17485-2	潘利等	34.00	2012.9	1	ppt	★
131	设计色彩	978-7-301-20211-0	龙黎黎	46.00	2012.9	1	ppt	★
	房地产与物业类							
132	房地产开发与经营	978-7-301-14467-1	张建中等	30.00	2012.7	5	ppt/pdf/答案	★
133	房地产估价	978-7-301-15817-3	黄 晔等	30.00	2011.8	3	ppt/pdf	★
134	房地产估价理论与实务	978-7-301-19327-3	褚菁晶	35.00	2011.8	1	ppt/pdf/答案	★
135	物业管理理论与实务	978-7-301-19354-9	裴艳慧	52.00	2011.9	1	ppt/pdf	★
136	房地产营销与策划	978-7-301-18731-9	应佐萍	42.00	2012.8	1	ppt/pdf	★
	市政路桥类							
137	市政工程计量与计价(第 2 版)	978-7-301-20564-8	郭良娟等	42.00	2012.7	1	pdf/ppt	
138	市政桥梁工程	978-7-301-16688-8	刘 江等	42.00	2012.10	2	ppt/pdf/素材	
139	路基路面工程	978-7-301-19299-3	偶昌宝等	34.00	2011.8	1	ppt/pdf/素材	
140	道路工程技术	978-7-301-19363-1	刘 雨等	33.00	2011.12	1	ppt/pdf	
141	建筑给水排水工程	978-7-301-20047-6	叶巧云	38.00	2012.2	1	ppt/pdf	
142	市政工程测量(含技能训练手册)	978-7-301-20474-0	刘宗波等	41.00	2012.5	1	ppt/pdf	
143	公路工程任务承揽与合同管理	978-7-301-21133-5	邱 兰等	30.00	2012.9	1	ppt/pdf/答案	
144	道桥工程材料	978-7-301-21170-0	刘水林等	43.00	2012.9	1	ppt/pdf	
	建筑设备类							
145	建筑设备基础知识与识图	978-7-301-16716-8	靳慧征	34.00	2012.11	8	ppt/pdf	★
146	建筑设备识图与施工工艺	978-7-301-19377-8	周业梅	38.00	2011.8	2	ppt/pdf	★
147	建筑施工机械	978-7-301-19365-5	吴志强	30.00	2011.10	1	pdf/ppt	★
148	智能建筑环境设备自动化	978-7-301-21090-1	余志强	40.00	2012.8	1	pdf/ppt	★

请登录 www.pup6.cn 免费下载本系列教材的电子书(PDF 版)、电子课件和相关教学资源。
欢迎免费索取样书,并欢迎到北京大学出版社来出版您的大作,可在 www.pup6.cn 在线申请样书和进行选题登记,也可下载相关表格填写后发到我们的邮箱,我们将及时与您取得联系并做好全方位的服务。
联系方式:010-62750667,yangxinglu@126.com, linzhangbo@126.com,欢迎来电来信咨询。